건축 모음집

발행일 : 2025년 11월 28일
출판사 : 하랑출판
주   소 : 서울시 중구 퇴계로28길 8
전   화 : 02. 2263. 3337

스타디움 아키텍쳐 건축 모음집

발행일 : 2025년 11월 28일
출판사 : 하랑출판
주   소 : 서울시 중구 퇴계로28길 8
전   화 : 02. 2263. 3337

CONTENTS

프랑스 국립 도서관
The National Library of France

도미니크 페로(Dominique Perrault)의 건축관

도미니크 페로는 1953년 클레몽 페랑(Clermont-Ferrand)에서 출생하였으며, 건축과를 졸업하고 도시계획과 역사로 석사를 마쳤다. 1981년 파리에서 활동을 시작했는데, 그의 두 작품, 즉 〈Ecole d' Ingegneur(ESIEE)〉(1984-1987)과 〈Hotel Industiel Jean-Baptiste Berlier(Paris)〉(1987-1990)로 세간에 알려졌다. 1989년 〈프랑스 국립 도서관〉의 현상설계에서 1등으로 당선되었고 이 건물은 1995년에 완공되었다. 그 후, 그는 정부에서 주는 〈Grand Prix National D'architecture〉를 포함한 여러 번의 상을 받았다.

그는 베를린에서 1992년에 자신의 사무실을 열었는데, 매우 짧은 시간에 국제적인 명성을 얻었다. 이미 〈Institute Francais d'architecture〉(1992), 〈The Center d'archutecture Arc En Reve in Bordaux〉(1994), 〈Aedes Gallery in Berlin〉(1994)과 같은 중요한 문화 시설에서 그의 작품이 전시되었다는 사실이 이를 증명해준다.

도미니크 페로 인물사진

"모든 경험은 거기에서 출발하는 의문과 회답을 가져오는 것이다. 모든 계획에는 반드시 형태의 문제가 생겨남에 의해, 우리의 미의식의 한계가 확대되며 반대로 형태라는 본질적으로 기본적인 개념에까지 접근한다. 이러한 사고 형식에 의해, 건축과 랜디스케이프를 일체화해서 생각하려고 하는 건축 디자인의 변화도 가능할 것이다. 이러한 일은 우리가 습득한 규칙이나 원칙을 일탈하는 것이다. 예를 들면, 입면의 양식, 건물의 내부, 외부, 상부, 하부, 입구, 외벽, 형태의 문절화(文節化), 공간의 연속성과 같은 것은 모두 고전적인 개념이며, 오히려 우리가 사는 세계의 복잡함을 반영하기에는 완전히 불충분한 것이다. 건축은 그 기초를 없애지 않으면 안 되고, 그것이 가능할 때에 자유를 획득하게 되는 것이다. 건축은 전위 예술이 아니다. 오히려 후위 예술이다. 건축은 항상 위대한 전위 운동으로부터 20년 정도 늦게 뒤따라 왔고, 그러한 움직임에 너무나 빨리 오염되는 것을 항상 두려워하고 있는 것이다. 예술가는 예술의 죽음을 선언했지만, 동시에 건축가는 건축의 죽음, 소멸, 말살을 부르짓는 대신에 도시와 자연 세계의 융합으로 향했다. 이러한 방향성은 랜디스케이프를 제외하는 것이 아닌, 모든 것으로 모든 사람을 위해 만들어 가는 것이 된다. 그것이 상당히 훌륭한 건축이 아닐까."

Dominique Perrault

도시, 환경, 자연
: 프랑스 국립도서관에 대해

금세기가 속한 천년의 말기에 거대한 도시의 황폐한 경관을 가로질러 그것들을 둘러싼 더러운 공기 속에서 보석들이 빛난다. 더러운 냄새와 구역질나는 냄새는 수백만의 기계들에서 나오고 있다. 값진 돌의 조각들은 묻혀버렸고 난공불락의 것으로 여겨지며 갑작스럽게 움직임을 차단하는 불안정한 경관을 드러낸다. 반쯤 묻혀 버린 기계는 하루만에 사라지고, 갑자기 훌륭한 건물이나 교외주택의 보기 흉한 건물들 앞에서 밤에 빛난다. 우리가 거의 진보적인 건축을 하려하지 않을 때 도미니크 페로는 15년도 안 걸려서 건물을 디자인하고 건설했다. 그것은 우리가 그렇게 바라는 내면의 자아와 시대 정신의 최고의 경지를 깨닫게 해준다. 최근의 이태리 같은 곳에서 만연했던 힘없는 시대정신과는 다른 것이다.

많이 들어보던 pre-, post-, late-, sur- 모더니스트들, 표현주의자들, 예술지상주의자 XXX (K. Frampton 은 하디드에 대해 그렇게 말했다.), 초기술주의자들 그리고 부루탈리즘의 다양한 형태들, 해체주의, 구조주의, 물질주의와 역사주의 ,맥락주의, 리바이벌리즘, 매너리즘 등등으로 분류하는 것은 별로 의미 없다. 오히려 다

1   2

3

프랑스 국립 도서관

른 것들에서 그의 건축의 뛰어남에 대해 고려해 보는 것이 낫다. 예를 들면, 그의 건물은 관념적인 면이 거의 없기 때문에 일어난 변화를 평가하는데 완벽한 도구가 된다.

20년 동안 미처 날뛰는 뉴욕으로부터 새로운 분야가 시작되었는데 이는 마치 폭풍 후의 공기처럼 깨끗하고 순수한 것이라고 표현할 수 있을 것이다. 어떤 일들이 일어나고 있을 때 그것을 알아차리고 깨닫는 것은 항상 어렵지만 건축에 있어서는 더욱 그렇다. 건축이 변화할 때 그 현상을 이해하고 알아차린다는 것은 쉽지 않다. 게다가 우리가 언급한 내용의 경우에 있어서는 장식적인 스타일리스트들을 간과해서는 안 된다. 영국의 후기 부루탈리즘에서는 이런 입장을 고수했고 이제는 쇠퇴하고 있지만 Skidmore, Owings & Merrill 등이 그들이다. 그들은 가치 없는 국제주의 양식에 속한 것으로 판단되는 양식적인 면에 집착하는 것 때문에 비판받기도 했다. 그러나 그들은 궁극적으로는 조심스럽게 균형 잡힌 우아함과 세련됨을 보여주기 시작했으며, 이것은 Harrison & Abramoviz, Lescaze, Roth, Brody, 등등의 건축에 관한 것은 아니다. 격찬을 받았던 〈시그램 빌딩〉 보다는 그들의 작품 전체를 보았을 때 더 훌륭하다. 〈시그램 빌딩〉은 다소 경직되고 과시적인 건물이다. 극단적으로 그런 반대적 입장을 가졌기 때문에 여기서 멈추는 것은 의미가 없다. 너무나 확실한 실패 앞에서 그들의 상처는 볼 수 없는 이론적 시각에 영향을 미친다.

(실무적 수준은 건축가 자신을 포함하여 모두에게 보여지는 것이다.) 따라서 꼬르뷔제는 줄곧 같은 입장을 유지한다는 것은 잔인한 것이라고 말했다. 유형학자(Typomorphologist)들과 독일의 추종자들은 오만한 이론으로 만들어진 작품들을 찍어내고 있고 때때로 실제로 생기 없는 도시에 황폐한 건물을 만들어내기도 했다.

이제 도미니크 페로로 돌아가 보자. 그는 그 누구보다도 영리하고 우아할 뿐 아니라 여우처럼 약기도 하다. 위대한 이데올로기의 붕괴는 예전의 이슈가 이제 다른 관점에서 논의될 수 있음을 의미한다. 여러 가지 방법으로 페로는 이런 이슈들을 신중하고 과학적인 호기심으로 다루고 있다. 〈프랑스 국립 도서관〉은 거대한 대지에 펼쳐져 있다(또는 TGB라고 하는데 Tres-Grand Biblioteque 즉 너무 거대한 도서관이란 뜻이다. 어쩌면 이 이름이 더 어울릴지도 모르겠다. 이것은 이 건물의 순수한 형태 때문에 주변 컨텍스트를 파괴한다는

4

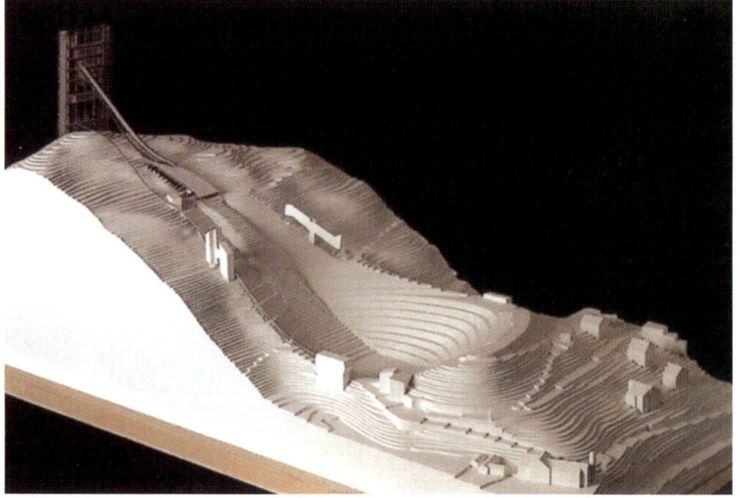

7

것 때문만은 아니며 그러한 위대한 결정을 위해 노력했던 것을 의미하기도 한다(이 경우 단어의 선택은 매우 의미 깊은 것이다).

거대한 도시의 가장자리는 단지 주변에 지나지 않지만 지표면의 한가운데서 완벽하게 예술적 작품으로 변형되었고 막중한 임무를 가진 것으로 디자인되었다. 즉, 책을 보관하는 것, 모든 쓰여진 책들, 문화를 보호하고, 여러 세기 동안 해가 지지 않는 한 나라의 문화적 유산을 보호하는 임무이다. 예를 들어, 불레의 국립 도서관은 잘 알려진 작품이다. 종이의 끝없는 매스를 포함하고 있으며, 수백 명의 스텝들과 수 천명의 이용자들 그리고 분위기가 필요하다.

도처에 깔려있는 함정들: 인류의 지식, 강력한 보편적인 기호들; 건축을 포함한 작은 글자로 쓰여진 역사; 결국에는 많은 이들이 희망하는 대로 그리고 기꺼이 받아들일 그 건물의 내용을 사실상 대체할 비물질적 순환의 가상 가설, 그리고 조각조각 찢겨져왔던 도시의 구성을 다시 이어놓는 불가능한 일이 존재한다. 세계의 가장 아름답고 오래된 도시의 건축적 기적들이 멀지 않았음은 언급할 필요조차 없다. 이 모든 유리, 도자기류, 그리고 돌 속에서 페로는 기민하게 옮겨 다닌다.

그 자신의 화려함과 집중, 기능과 디자인, 시적인 반응, 현대의 중심지 속에 보여주기 습관으로부터 유래된 움직이지 않는 종류의 상호 작용하는 공간과 기호의 혼합, 영감을 주지 않는 솔직함을 드러낸다. 오로지 건축만을 이용하여 재건한 문화는 자연의 정확한 전략적 전초지이다.(어느 작은 열대 숲을 벌채하는 것에 대한 필요한 대가를 지불한다. 그러나 그들의 원래의 배치로부터 완전히 다른 시퀀스 속에 다시 위치시키는 것은 이미 하나의 중요한 상태이며 미래에는 더욱 중요해 질 것이다).

아마도 처음에는 그는 덜 눈길을 끄는 영역으로 보일 수 있는 분야에서 풍성한 작업을 해오고 있었다. TGB는 작업이 시작하기 이전부터 과다한 요소들로 인해 거대한 프로젝트가 되었다. 그의 유명한 〈산업관(Hotel

8 9

프랑스 국립 도서관

Industrial in Rue Berlier)〉은 그 한 예이다.

가능한 한 주변을 평가하기 위한 혹은 다소 그것에 무관심하기 위한 일반적인 판단기준을 역전시키는 것, 가능한 한 그것을 향해 면도날 같이 날카롭게 깊게 집중하는 정신적 훈련 그리고 다소 불교의 선과 같은 것이라 우리가 지칭하는 것을 우리는 얘기할 수 있다. 7층에서 일하는 것을 페로는 "이 건물로부터의 아름다운 풍경"이라고 지적한다. 발 밑의 땅 위에는 미로 같은 철도와 도로, 모든 종류의 교통수단들의 소음, 심지어는 일상적으로 볼 수 없는 터보 프로펠러 차량과 긴급 구조헬리콥터 그리고 넓게 펼쳐진 버려지고 황폐화된 땅이다. 그것은 차갑고 영감을 주지 않는 광경이다: 그곳에는 기계시대와 미래주의가 결합되어 열정주의의 가장 먼 흔적조차도 찾아볼 수 없다. 이것이 21세기의 수도로서의 파리란 말인가. 아마도 또 다른 벤야민(Walter Benjamin)이 이것을 평가하기 위해 나타날 것이다. 페로는 관념적 편견 없이 단지 받아 적을 것이다. 그는 심오한 대지-존재하기는 하지만 일종의 해석 불가능한 유물론의 섬-위에 가볍고 매우 투명한 스킨 골조를 이용하여 짓는다. 그러나 이들 스킨은 그들 자신의 공기의 부피를 감싸고 그들 도시의 외형의 작은 부분을 완벽하게 물리적 형태를 변형하여 추출하고 끌어들인다.

만일 우리가 주의를 기울인다면 -우리는 아마도 이것을 동해와 서해사이에서 어떤 무술하기 이전에 행해지는 준비운동 정도로 부를 수 있다- 우리는 이것이 얼마나 인간적인 영역으로 나누어지고 조심스럽게 경계를 긋는 방법인지를 볼 수 있다. 충분히 독립적인 에피소드 (그들 고유의 권리로서의 섬들)는 페로의 건축 작업의 하나의 특징적인 모습이다. 이것은 필연적으로 거의 끝없는 간접적 영향의 배열을 갖는다.

이 섬들의 내부는 지적인 예술적 집중의 혼합지점 같은 것이다. -감정 그리고 무엇보다도 빛나는 격렬함- 외부는 정신적으로 비스듬히 잘라내어지고 창조된 새로운 풍경은 침착하게 응시되어질 준비가 되어있다. 외부의 끊임없는 소음으로부터 일련의 다른 육체적 존재들이 이곳 저곳에 갑작스레 나타난다. 그들이 모든 지적 무게와 함께 상당히 이질적인 존재들. 그대 시계의 먼 응시들. 우리가 말하는 섬들.

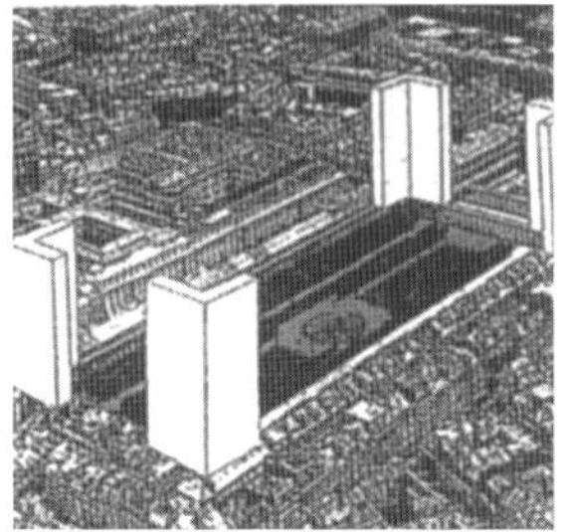

11

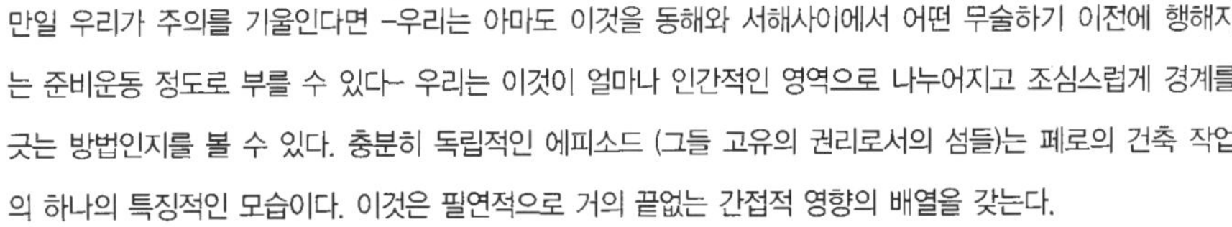

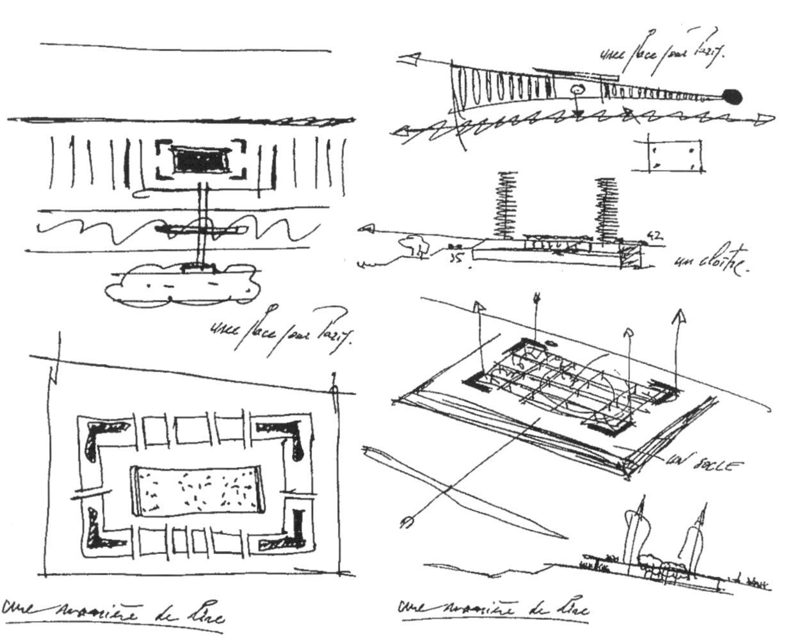

12

몇몇 육지 차원의 경우들이 있다. -그들 스스로가 프로그램이 되는 것들- 예를 들면, Ivry-sur-seine에 있는 파리 수로의 식수를 관리하기 위한 Sagep Worshop 9 헥타르의 대부분은 개방된 공기 탱크이다.

최근에 한동안은 이런 종류의 프로젝트에 대한 이야기는 흔히 관습적인 건축의 영역을 넘는 전문가의 일로서 분류하면서 일반적으로 위장하거나 분리하여 숨겨왔다: 그러나 우리는 페로가 다른 방식으로 증명하였음을 볼 수 있다.

이렇게 거대한 공간임에도 불구하고 그 섬은 그 자신의 대단히 강렬하고 집중된 공간적 배치를 갖게 된다; 거대한 규모의 프로젝트임에도 불구하고 1인 단독작업인 것이다. 예를 들자면, 전체 광장을 가로질러 이루어진 거대한 공원은 아마도 새로운 상업빌딩구역처럼 미학적으로 즐거운 것은 아니겠지만, 풀(pool)에 모아지거나 수로를 따라 흐르는 물과 함께 매우 개인적인 교류의 감각을 가져오는 솜씨 좋은 디자인 부분을 포함하고 있다. 결국 TGB의 4개의 타워사이의 신중하고 밀폐되고 보호받는 실의 절대적인 편안함 속에서 독서를 하며, 앉아 있는 어느 누구이든 간에 -사람들은 보통 개인적인 독서를 한다- 진정 비슷한 상황에 있게 된다. 이번에는 타워의 교차하는 부분적인 조망을 살펴보자. 일 드 프랑스(Il de France)의 열린 하늘의 끊임없이 변하는 빛의 따스한 그림자를 떠맡는 유리와 나무로 만들어진 퍼즐 조각 같으며 단지 탈문맥화 (Decontextualisation)의 감각을 역설할 뿐인 울창한 삼나무 숲이 있다. 인쇄된 단어들은 영원할 듯이 보이는 선을 따라 이어진다. 내부로 향하는 이 길을 따라 계속 가다보면 더 이상 훌륭할 수 없는 매스를 가진 지적인 대지를 향해 유도되는 듯한 Stimmung을 향한 끝없는 요구인 라 빌레트의 〈Cite des Science et de L'industrie〉의 가운데에 위치한 〈글래스 하우스〉를 무시할수 없다. 가는 금속 기둥들 사이에 위치한 2개의 계단을 올라가다 보면 그들 사이에 놓여진 과학 정보를 보유하며, 완전히 지지된 플랫폼 중간의 오른쪽으로 나오게 된다. 이런 이상한 공간의 체험은 거의 정신적으로는 당혹스러우며 집중된 긴장의 형태를 생성한다. 이와 비슷한 종류의 영감이 여전히 〈Great Tour〉라 명명될만한 기초적 단계로 보이는 장벽의 미로 뒤에 놓여있는 것이다.

이 정신과 육체의 마술 같은 실은 지붕으로부터 비 내리는 듯한 보풀 일어난 천으로 내부가 감싸져 있다. 이 천들은 밀착되었으며 부분적으로 상호간의 투명함과 빛의 패턴을 창조하고 있다. 다른 어느 탐험가와 같이 페로는 자신의 디자인과 프로젝트에 조심스럽게 계속 사용하기 좋아하는 기본적인 도구들에 그의 작업이 진전됨에 따라 더욱 완벽해지는 전시물(collection)을 늘려가고 있다.

프랑스 국립 도서관

그리고 유리가 있다. 주의할 첫 번째 것은 현재는 반영되지 않는 것이다. 이중으로 윤을 내고 여러 겹으로 붙이고 곧고 굽었으며 압축시키고 환기구멍을 내는 등, 이것에 대해 이미 우리는 대부분의 일반적인 건물들의 방법과는 상당히 대조적이라는 것을 알아차렸다. 우리가 이미 보았듯이 건축의 섬들은 극도로 편안해야 하며, 디테일에 대한 무한한 사랑과 엄청난 관심을 가지고 있어야 한다. 그럼에도 불구하고 취해진 배려에는 무언가 침착하고 냉정한 면이 있다. 신자유주의 시대는 이제 먼 기억일 뿐이다. 금속은 구조를 지탱하는 것으로서 정면의 뼈대로서, 셔터로서 가끔 정교한 목적의 범위에서 바닥과 뼈대로서 사용된다.

공공 건물의 반은 확장을 위한 낮은 볼트를 덮기 위해서 혹은 중앙의 중심적인 운영이나 사각 패턴으로 배열된 판넬로 이루어진 거대한 스포츠 센터를 보호하기 위해서 사용되어진다. 최근 올림픽 콤플렉스의 용도로 지어진 〈베를린 사이클 경기장〉과 〈수영장〉을 위해 사용된 금속비계는 겉으로 보이듯이 에펠탑 건설에 쓰였던 철만큼이나 무겁다. 그러나 페로의 작업은 그런 종류의 금속 건축과는 공통점이 없다. 그는 내부이건 외부이건 매달려 있든 고리로 연결되어 있든, 단일 배열이든 중첩된 배열이 되든지 간에 경량의 섬유로 짜여진 형상의 금속판을 쓴다. 갑자기 1970년대 혹은 1960년대의 하이테크에 대한 어리석은 열망과 질투에 대해 나는 갈망이 나타난다. 이것은 매우 다른 복잡한 형태로 엮이고 전문적 기술에 적당한 중요성을 덧붙이는 프로젝트를 다루는 고상하고 자의식적인 건축이다.

그것 자체 속에서일지라도 전문적인 기술은 그 어느 곳으로도 이끌어 가지 않는다. 콘크리트는 기둥, 지주, 바닥, 계단실, 그리고 리프트 샤프트, 커다란 필로티에 이르기까지 구조를 지탱하기 위해 사용된다:

일반적으로 넓은 burkhead를 지닌 금속 모울드 안에서 형태를 만든 후 평평하게 제조된다. 모든 것은 상당히 단순하다. 특별히 미니멀리스트적이지도 않고 지나치게 정교하지도 않다. 목재 역시 필요한 곳에서 사용되어지는데 조심스럽게 통제되며 거의 편안한 느낌과는 거리가 멀다.

모든 것은 불빛 아래서 부드러워진다. 이것은 심지어 격자무늬(treillages)를 생성할 수도 있다. 사실상 수천 개의 나뭇가지에는 그의 거의 모든 건축 작품에서 중요한 역할을 만들어내는 수많은 목재들이 항상 존재한다: 우리가 보듯 명백하게 이것은 견딜 수 없는 유행일 뿐인 풍경화파(paysagisme) 보다 대단한 것이다. 그러나 플라스틱은 어떠한가? 이것은 그다지 많지는 않다. 단지 가장 덜 못마땅한 인공의 공산품인 폴리카보네

18

15

16

17

이드 뿐이다.

우리가 지적해야할 다른 어떠한 것들이 있다. 페로의 대부분의 건축 작품과 실험은 서비스 건물, 인프라 구조, 공공적인 건물의 형태를 취한다. 그 중에는 하우징 프로젝트는 거의 없다. 이것은 우연한 것이 아니다. 대부분의 그의 작품은 현상설계에 당선된 것이기 때문이다. 이것이 앞으로의 건축이 행해지는 방식이 될 것이다. 이것은 훌륭한 실험을 포함시키고 잠재적인 물리적 형태의 거대한 범위를 고려하며, 새로운 프로그램을 디자인하고 심오한 사회 −기술적 변화로부터 나온 기능의 공간적 적용의 발견, 새로운 형태에 형상을 부여하고 제한된 디자인에서 벗어나며, 상호관계에서 기본적인 변화, 즉 도시화된 인류의 영역, 자연적, 인간이 만든 공간, 그리고 상호 교류하는 주변 환경 등을 분석하는 것이다(이것은 몇 년 동안 지적되어 온 것이며, 이러한 관점을 증명하기 위한 모든 기회를 취하고 있다. 그래서 이 모든 것들은 이제 우리를 두 배로 만족시키고 있다).

19   20

21   22

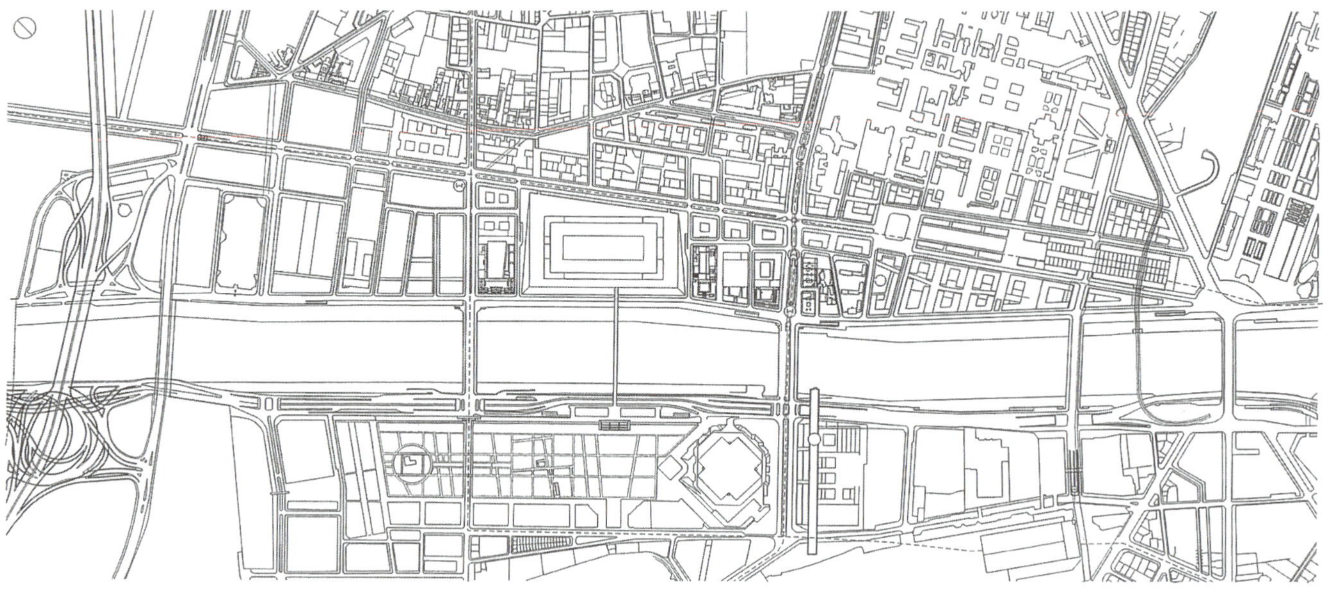

대지(site)

네덜란드 건축 연구소
The Netherlands Architecture Institute

Jo Coenen의 건축사고과정 – Jo Coenen

구(舊) 도시만을 중심으로 보존하려고 생각하는 것은 올바르다고는 말할 수 없다. 그것과 동시에, 우리들 사회가 희망하고 있는 매우 새롭게 부가된 건축을 구 시가지에 집어넣으려는 노력을 해야만 한다. 만일 이것이 확실히 실행된다면, 그것은 기존의 패턴 안에 교묘히 집어넣을 수가 있다. 그곳에서 새롭게 창조된 부분은 기존의 건물 안에서 눈에 띄는 명료한 존재가 된다.

내가 좋아하는 건축의 형태는 검소하게 억제되지만 값싼것과는 혼동되지 않는 명확히 이해하기 쉽고 확실성을 지닌 것이라는 것도 이러한 이유 때문이다. 그것은 또한 당당하고 우수하며 뛰어난 건축이라고도 말 할 수 있다. 그것은 단지 스타일로서의 형태만이 아니라 표현이 풍부한 형태이다. 예를 들어, 마스트리히트의 지하강당에 대해 사람들은 새롭게 무언가를 표시하고 기억을 불러일으킬 수 있다. 혹은 또한 마스트리히트의 상공회의소의 경우, 구 시가지 환경 안에 건물을 놓을 수가 있다. 이것은 나의 역할 모델이 르 꼬르뷔제와 루이스 칸, 알바로 시자와 루이지 스노찌 등이며 또한 페트루스 베를라헤와 암스테르담 스쿨인 이유이다. 유럽의 구 가로와 새로운 건축의 논리를 병치해 놓는 것은 나에게 있어 그리스 신전이나 로마의 모뉴멘트, 또는 오스티아와 폼페이의 가로와 같이 중요하다. 그 외관의 성격뿐만 아니라 화사드 외관 뒤에 숨겨져 있는 개념이 중요한 것이다. 또한 같은 배경을 지닌 나의 건축이나 도시계획을 고려해야만 한다. 그것들은 소규모이지만 모든 건축을 망원경에 모이도록 했다. 거기에서는 도시는 과격하게 파괴되어 있는 경우도 있으며, 극히 정교한 디자인을 사용함으로서 도시는 손상되지 않은 채 존재하고 있는 경우도 있다. 그러한 이유 때문에, 건축이란 그 외관과 절대성을 끊임없이 추구하는 것과 다르지 않다. 재료의 독창성과 확실함, 태양과 공기가 명료한 방법으로 결합되어 있는 것, 말씀(로고스)이 있어 창조를 북돋우는 그 자연환경과 함께 회전하는 그러한 건축을....

건축이란 단지 스타일이나 기호의 문제가 아니라 주로 지성의 문제이다. 수목이나 대지나 물과 같은 자연을

1

2

3

4

관찰할 경우, 그 외관 그리고 외관의 내면 깊이 숨겨져 있는 것과 그 존재이유(raison d'etre)가 합치한다는 사실을 경험한다. 외관과 내부는 당연히 상호 연결되어 있다. 자연 또는 우리가 공유하고 있는 이 지구는 평화로움을 부여하는 원천이다. 연속해서 일어나는 다가올 일의 혼란과는 달리 그것은 힘과 사물의 진상을 정확하게 볼 줄 아는 마르지 않는 능력의 원천이다. 자연은 진실이며 순수하다. 창조는 나의 궁극적 기둥이다.

이렇게 결론짓는 것은 급속히 기술혁신이 진행하는 현대에 전통적인 건조물이 확실히 과거의 것이 되는 이 시대에서 단호히 그 입장을 지켜야 할 건축의 가장 중요한 의무 중 하나라고 나는 생각하는 것이다. 그러나 다른 한편으로는 이것은 거꾸로 우리들이 사는 혹성을 파괴로부터 구하고 자연을 있는 그대로의 모습으로 남겨놓는 방법이기도 한 것이다. 왜냐하면, 자연은 우리들의 과학기술의 산물이나 시류에 맞는 정세와는 달리 자연의 법칙에 따름으

5

7

6

8

네덜란드 건축 연구소

로서 삶이 연장되는 방법을 가르쳐주기 때문이다.

이 점에 대해 계속해서 인체나 동물 등의 생물을 상세히 관찰하는 것이 도움이 된다. 예를 들어, 조류의 구조의 경우, 피부로 덮인 골격이 밖에서 투시되어 보이는 일이 있다. 파리의 날개 근육이나 나뭇잎은 그 형태나 구조를 보면 그 기능이나 사용방식의 목적을 잘 알 수 있다. 자연은 우리들에게 여러 가지 놀라움을 보여주고 있다. 예를 들어, 외관은 그리 눈에 띄지 않는 "어게이트(agate)"라는 광물의 안 측은 수정과 같은 눈부신 광휘를 지니고 있다는 것이 바로 그것이다.

공적인 간섭은 필요하나 그것은 올바른 이해에 기초하여 지성과 통찰력을 갖고 행하지 않으면 안 된다고 루이지 스노찌는 말하고 있다. 가장 강력하고 아름다운 것, 즉 자연에 중점을 두고 확실히 인위적이지 않은 방법으로 하려고 한다는 것을 나는 여기에 부가하고 싶다. 부자연적인 행위의 응답은 지금 당장이 아니라도 수년 후에는 확실히 우리들에게 다가오는 것이다. 그리고 건축은 우리들의 문화에 뿌리를 둔 것이기 때문에 그 문화에 상당하지 않은 것은 사회의 풍속만화가 되어 버리는 것이다. 이것은 생태학적 또는 생물학적인 해석과 같이 보이지만 실제 나는 건물은 건물로서 별도로 생각하고 자연은 자연 그대로 남아있다고 말하는 것처럼 각각 특유의 법칙을 적용해야 할 것

9

10

11

이라는 르 꼬르뷔제의 사고방식에 찬성한다. 꼬르뷔제의 그림 또는 미스의 파빌리온의 세련된 방법에서 자연에 반응하고 문맥적으로 잘 처리되어 있는 예도 있다.

건축이라는 행위는 법칙에 관한 지식과 존수(尊守)가 연결되기 시작하여 의미를 지닌 것이라고 나는 생각하고 있다. 각각의 대지나 프로그램에 의해 다른 결과가 나타난다는 사실은 우리들의 건축적 고찰에서 질서가 결여되어 있다는 것을 말하는 것은 아니다. 건축의 법칙에 대해서는 지금까지 지나칠 정도로 충분히 논의되어왔다. 비트루비우스, 알베르티, 르 꼬르뷔제의 논문, 그리고 가장 최근의 것으로는 루이지 스노찌의 "십계"가 잘 알려져 있다. 그 스타일과 완성물은 실로 다양하나 나는 자신의 일 안에서 논문이 되기도 하고 또는 아직 쓰여져 있지 않은 법칙이 되기도 한다는 사실을 깨닫게 되었다. 그리고 그것은 언제라도 그러하며 통상적인 일이기도 하다. 또한, 이것이 다시 법칙이라고 과장해서 쓰여지기라도 한다면 나는 놀랄것이다. 그러나 역시 그것들은 깊은 뿌리를 지닌 문화와 영원한 우주의 산물인 것이다. 건축은 기능을 커버한다는 사실 하나만 보아도 주체성을 갖고 독립해있는 조각과는 다른 무언가를 이미 지니고 있다.

건설된 건물이 현대의 심사에 견디지 않으면 안된다는 사실은 그 안정성, 재료, 구조, 재료의 조합이나 배수,

12

13

네덜란드 건축 연구소

방수장치 등의 문제로부터 기인하며, 위에서 언급한 법칙을 억압하고 있는 것이다. 설계된 대상 내부를 움직인다는 사실은 내가 그것을 알고 주의하지 않으면 안되는 원시적인 인간의 행위의 법칙에 나를 묶고있는 것이다. 기분 좋은 감각을 맛보아야 한다는 의지가 나에게 공기나 빛을 경험할 수 있도록 하게 하는 것이다. 이와 같이 건축의 법칙은 이 혹성에서 영위하는 인간의 생활에 있어 가장 기본적인 조건과 관계가 있는 것이다. 더욱이, 나는 나의 건축 일을 통해 건설 당시의 재료의 사용방법, 조합, 응용의 방법은 중력이나 재료의 특성(견고한가 투수성이 있는가 등)에 대한 법칙에 의해 엄격하게 규제되어 있다라는 사실을 명확히 할 수가 있었다.

행동의 결단에 있어 신속함이나 음향학상의 속도(라스무센의 되튕겨나오는 공의 사례, 견고함/유연함에 의한 차이)속에 인간의 경험을 고려한 상태에서, 나의 건축활동은 그것들에 의지하고 있다는 사실을 확인할 때에 가능케 된다는 것을 처음 실감했다. 이들 특성을 잘 연구해 보는 것과 재료나 구조에 대한 인

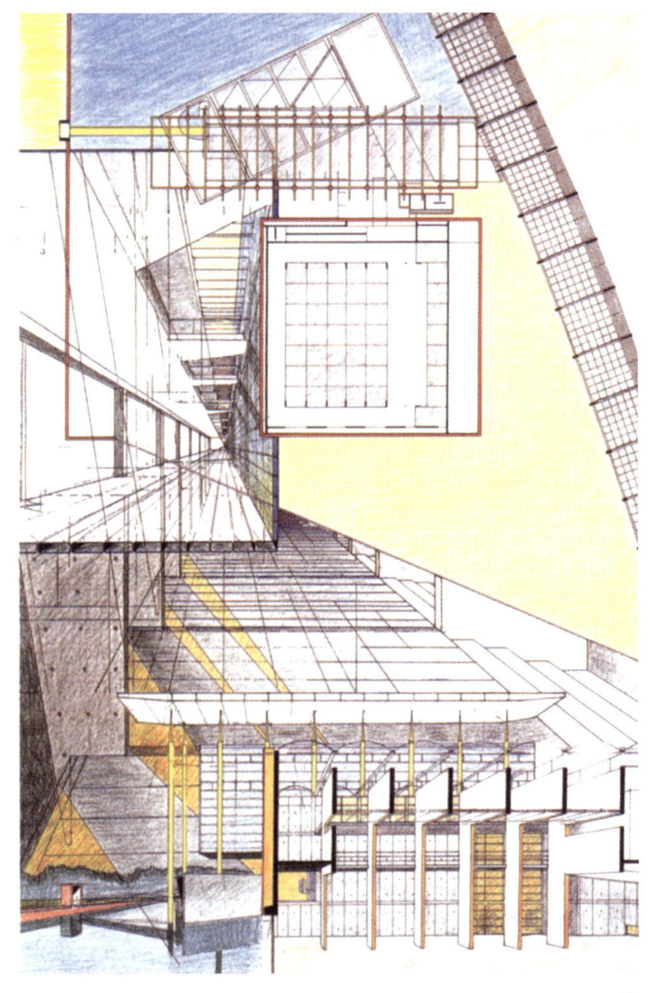

간의 반응에 대해 잘 인식하고 있다는 것은 그것들을 올바르게 인식하기 위한 필수조건이다. 내가 재료를 비 물질화 하려했던 시도도 만일 이런 기본적인 법칙이 수반되지 않는다면, 실패할 뿐이라고 생각했던 것도 이렇게 말하는 이유 때문이다. 그렇지 않다면, 그것들은 독단적인 원인론(原因論)으로 물러나 버리게 될 것이다. 왜냐하면, 그것은 이 목적을 위해, 지적인 논문을 사용하여 특별히 만들어졌던 주지주의(主知主義)로만 존재할 수 있는 것이기 때문에, 이것은 "비 물질화된" 공간의 문제, "이동하는 공간", 공간 내에서의 행동의 제안, 그리고 공간을 결합하는 문제 등은 내 일 가운데에서는 아직 확실히 처리되지 못했다. 나는 이 개발계획과 실제로 관계하고 있다. 우리들의 새로운 건축, 스파케티 정션(spagati junction), 상부구조와 차에서는 새로운 법칙이 필요한 것이다.

이 직업이 그 이외에 나를 매료시키기고 있는 이유는 그것이 연구를 하고 꿈을 묘사하고, 개념이나 사상을 현실화하고 무(無)에서 무엇인가를 만들어내는 일이기 때문이다. 건물 고유의 언어로 말하면, 정보를 생각나게 하는 공간이나 건물을 창조하는 것은 나의 기쁨이다. 그것들은 아름답게 존재할 필요는 없으나 상상력에 호소하는 무엇인가가 있어야 한다. 우리들은 한사람 한사람의 상상력과 지각된 것을 분류하여 자신의 것으로 삼는 능력을 지니고 있다. 미에 대한 경험–개인에 따라 각각 다르지만–에 자극 받아 우리를 둘러싼 건물이나 사건과 관련하여 얻은 경험에서 나올 수 있는 것과 유사한 것을 추구했다. 예를 들어, 넓은 전원지대에 있을 때 우리들의 미학적 경험은 주변의 환경에 따라 크게 좌우된다. 낮고 경쾌한 건물은 이 이미지를 파괴하지 않

고 그것과 조화를 이루고 있다. 건축은 현상을 상술함으로서 명백하게 되는 것이다. 건축은 돈이 들 필요는 없다. 알바로 시자의 〈스위밍 풀〉의 경우, 바다가의 바위에서 허리를 구부리고 바라보면 테라스와 파고라의 교묘한 배치가 이 장소의 매력이 되고 있음을 알 수 있다. 미랄레스가 설계한 학교의 계단 위의 어린이들의 해맑고 아름다운 움직임, 균형 잡힌 긴 다리, 페투루스 베를라헤와 오토 바그너에 의한 도시이미지의 프레젠테이션, 이러한 이들 연상 이미지를 올바로 선택함으로서 개념을 응축하고 그곳으로부터 건축공간을 발견하면, 이와 같은 예증들을 안에서부터 읽어낼 수 있게 된다. 내가 〈라 뚜렛의 수도원의 교회〉에서 볼 수 있는 르 꼬르뷔제의 충격적인 이미지에 감복한 것은 이 때문이다. 그 소극적이고 극히 간결한 양식 안에서 하나의 작은 개구부로부터 경사광이 들어올 뿐인 넓은 방형의 공간에서 양 측면의 제단의 아름다운 색채가 이 정밀한 광경에 빛을 부여하고 있다. 또한 루이지 스노찌의 〈카르맨 하우스〉의 경우, 그는 경사면과 작은 집으로부터의 경관이라는 이 장소가 지닌 특성을 연구하여 동화시키고 있다. 또한, 미스의 〈바르셀로나 파빌리온〉을 살펴보면, 대지의 고요함과 기존 주변환경이 잘 조화를 이루고 있음을 볼 수 있다. 이들 예와 기타 많은 예를 통해 말할 수 있는 것은, 건축은 "고정관념"을 통해 대지와 기능의 특성을 정확히 계통을 세워 계획하기 위해 재료와 공간, 빛과 구조를 사용하는 것이 가능하다. 재료를 장소에 정확히 사용하는 것, 그것이 건축가가 미술공예를 후세에 남기게 되는 것이다.

16

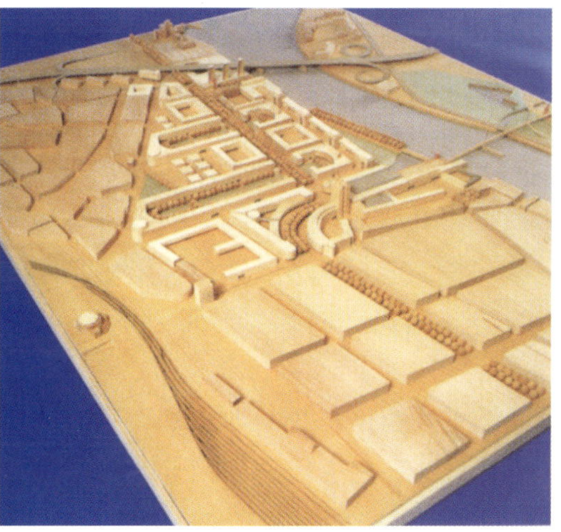

17

18

The Netherlands Architecture Institute

Museumpark 25, Rotterdam, The Netherland, 1997, Jo Coenen

| 디자인 컨셉 |

이 건물은 네델란드 건축가 Jo Coenen의 작품으로 네델란드 건축을 대표하는 건축가협회 건물이다. 건물은 뮤제움 파크 북단에 위치하고 있고, 공원의 입구에 위치하고 있다. 건물은 크게 4가지 기능을 담당하고 있는데, Jo Coenen은 이것을 각각의 매스로 구성하고 서로 조화시키는 개념으로 디자인하였다. 사무실, 전시실, 오디토리움, 서고 이렇게 4가지 기능의 매스는 서로 다른 재료로 마감되어 시각적 구분이 되지만, 형태적으로는 서로 중첩되고 얽혀있어 일체화된 이미지를 준다.

건물 중앙에 높이 솟아 있는 유리 매스는 주 출입구가 연결된 중심 건물로 사무실과 자료실로 사용되고 있고 건물의 인상을 특징 짓고 있다. 건물의 구조를 노출시키고 지붕의 프레임을 추가하여 조형미를 강조하고 있다. 그리고 하부에 사선으로 배치된 오디토리움은 RC조의 건물로 구성되어 있고, 반대편에 위치한 전시실은 조적조의 정방형 매스로 구성되어 있다. 한편 대로변에 위치한 서고는 대로의 곡선을 그대로 수용하여 완만한 곡선을 이루고 있고 1층 부분은 필로티로 띄워 시민에게 공간을 제공하고, 시각적으로도 공원과의 연계성을 유지하고 있다. 특히 야간에는 이곳의 조명에 의해 아름다운 공간을 연출하고 있다.

| 프로그램 |

이 건물은 주변의 유명 건축가들의 박물관들이 들어서 있는 로테르담 뮤지엄 파크 내에 위치하고 있다. 뮤지엄 파크 북쪽에 위치하고 있어 이곳을 방문하는 사람들에게 입구의 역할을 담당하고 있다. 건물은 건축가 협회의 업무를 수행하기 위한 프로그램으로 구성되어 있는데, 크게 전시/박물관, 사무실, 서고, 오디토리엄 등 4가지 기능을 담당하도록 계획되었다. 이곳은 네델란드 건축의 중심지로서, 건축 행정, 행사를 주관하면서 자체적으로 전시 등을 할 수 있는 공간를 갖추도록 계획되었다.

| 동선순환체계 |

이 건물은 로테르담 뮤지엄 파크의 북쪽 입구에
위치하고 있다. 대로변의 곡선을 따라 들어선 매
스는 공원을 감싸안으며 경계를 형성하고 있고 ,
이 곳은 전체 공원의 출입구 시작점을 알리는 곳
이 되고 있다. 부분적으로 물 위에 들어서 있는 건
물은 공원 쪽에서는 다리를 통해 진입하도록 되어
있다. 건물의 진입은 가운데 있는 유리 매스를 통
해 이루어지는데, 이곳은 로비와 작은 서점이 들
어서 있다. 이곳은 이 건물의 중심으로 좌측으로
는 전시실 매스와 연결되어 있고 또한 이곳에 건
물의 수직동선이 형성되어 있다. 한편 로비 한쪽
에는 지하로 연결된 원형 계단이 있는데, 이곳은
아래 카페테리아와 오디토리움, 그리고 전시실로
연결된 보조 동선을 제공한다. 유리매스 상층에
구성된 자료실은 중층으로 구성되어 있어 자체적
으로 내부 동선을 형성하고 있고, 뒤쪽의 서고와
는 외부 다리와 연결되어 있다. 건물 전체는 형태
적으로 분리되어 있지만, 적절한 매스의 중첩에
의해 내부에서는 서로 유기적으로 통합되어 공간
이 구성되어 있다.

| 구조 시스템 |

이 건물은 4가지 기능의 매스를 시각적으로 구분
하고 또한 구조적, 재료적으로 구분하고 있다. 전
시/박물관 기능을 하는 매스는 조적조로 구성되어
있고, 서고 매스는 RC조에 메탈로 마감하였고, 오
디토리움은 노출 콘크리트의 RC로 마감되어 있
다. 그리고 주 기능을 담당하는 오피스 매스는 철
골 구조를 노출시키고 유리로 마감하여 상대적으
로 다른 매스에 비해 조형성을 보이고 있고 가볍
게 처리하여 더욱 대조적으로 돋보인다.

| 주요 디테일 |

- 수공간: 매스가 물 위에 놓여있어 잔잔하면서
  반사되는 풍경에 의해 새로운 이미지를 제공
  한다.
- 열람실 계단: 중층으로 계획된 열람실 부분에
  유리 블럭으로 마감된 계단이 설치되어 있어
  시각적 차단을 막고 있다.
- 레스토랑: 로비 아래에 위치한 이곳은 수공간
  과 작은 정원을 공유하면서 도시 내에 아름다
  운 풍경을 제공한다.
- 전시실: 정사각형 매스로 구성된 전시실은 다
  양한 전시를 할 수 있도록 오픈 평면으로 계획
  되어 있다.

UNfold
UNfold
NAi Nederlands Architectuurinstituut

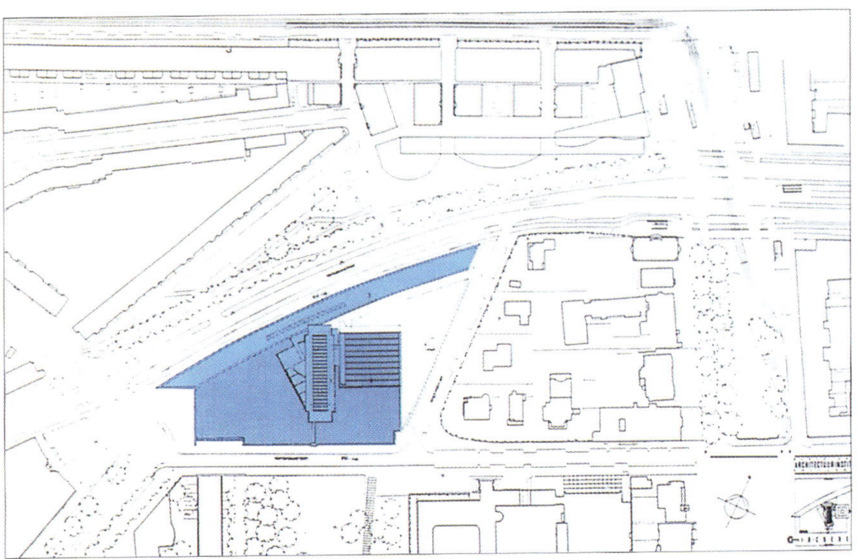

배치도

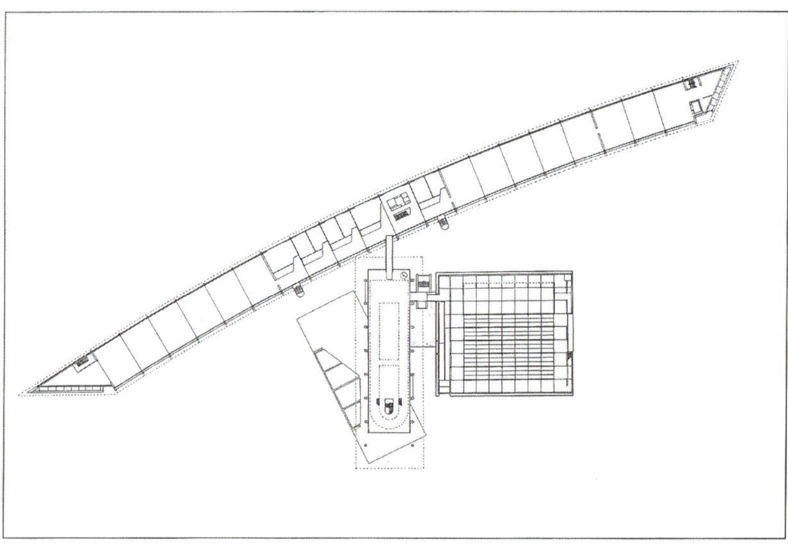

2층 평면도

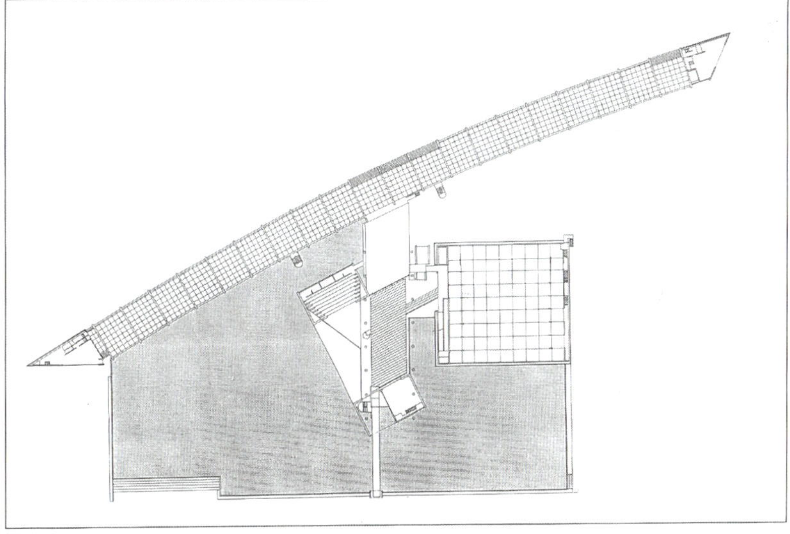

1층 평면도

n extreme blurring of architectural properties into cohesive one-
agment within the architecture of emergence. The Crossing Points
ork strategy. Using combinations of digital techniques, Deep
rastructure, urbanism, and various programmes. Diagram: part of
tes a proliferating, generating and instrumentalising approach to
n extension of the single surface organisation from a primarily
a three-dimensional organisation encompassing the vertical and
ybridization: an intense fusion of construction, materials, circula-
aces. Inclusiveness: has to do with an integral design approach,
ng treatment of three main points-construction, circulation and

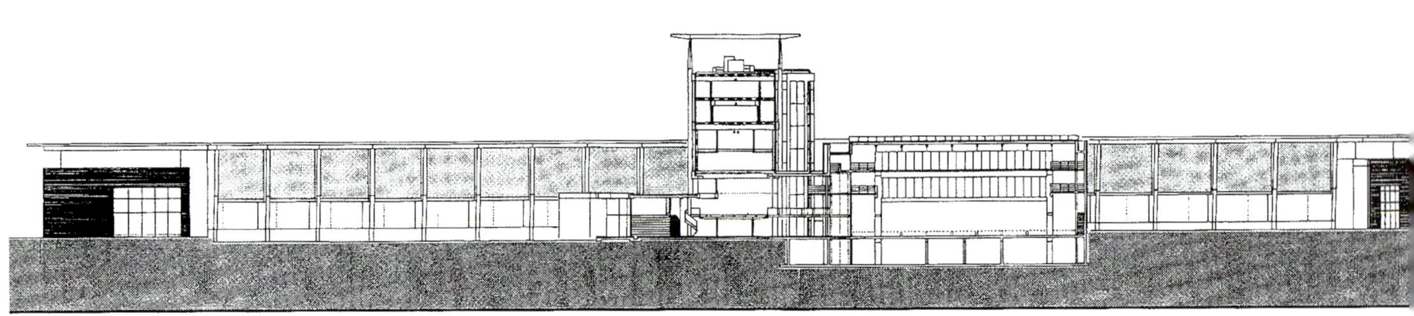

동—서 단면도

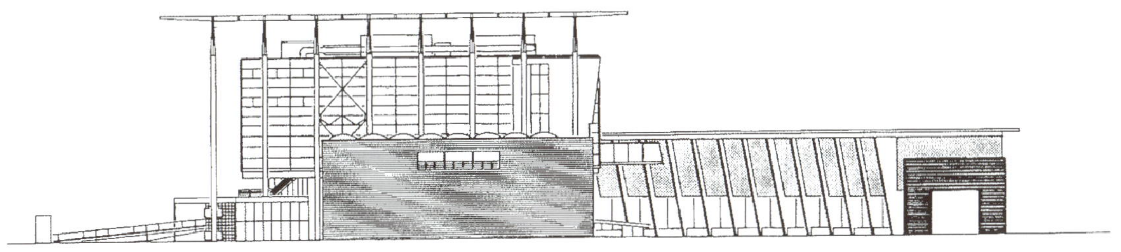

동측 입면도

델프트 공대 도서관
Library of the Delft University of Technology

Mecanoo의 건축사고과정
: 미래의 도서관 Library of the Future – Mecanoo

다른 형태의 도서관들을 디자인 할 수 있다는 것은 놀라운 일이다. 우리는 바겐닝겐(Wageningen) 대학 학부 도서관을 디자인했고 알멜로(Almelo) 시(市)의 공공 도서관을 디자인했다. 우리의 세 번째 도서관은 델프트 공대의 중앙 도서관이 될 것이다. 그것은 세계에서 가장 최신의 전자장치로 네덜란드의 공학 도서관과 연결되어 있다.

책 Books

물론 우리는 현재의 전자 미디어와 책과 도서관이 미래에도 존재할 것인가에 대해 토론했다. 결국 궁극적으로 모든 정보는 가장 작은 학생 연구실에서 가장 큰 실험실까지 언제나 어디서나 유용할 것이다. 그러나 대학 도서관은 지식과 연구를 위한 공간을 제공해야 하며 침묵과 사색의 공간도 제공해야 한다. 그것은 아이디어가 교환되는 만남의 장소인 것이다. 그 프로그램은 1000여 개의 연구실을 포함한다. 이는 하루에 3000여명이 넘는 학생들에게 난방과 조명을 제공해야 하는 것을 뜻한다. 나는 더 많은 책을 가진 건물을 꿈꾸며 아름다운 원형의 독서실을 꿈꾼다. 그 건물에서 사람들은 책을 볼 수 있고 느낄 수 있고 냄새 맡을 수 있다.

꿈과 현실 사이의 차이는 크다. 프로그램의 요구사항에 따르면 모든 책은 서고에서 보관될 것이다. 사람들은 컴퓨터로 신청한 후에만 책을 받을 수 있다. 책이 없는 도서관이 임박한 것 같다.

2

3

1

낭만주의 Romanticism

나는 델프트 출신이다. 나는 거기서 공부했고 나의 사무실도 그곳에 있다. 나는 20여 년 전에 델프트에 왔었다. 나는 바람과 비를 맞으며 자전거를 타고 메켈웨그(Mekelweg)의 건축물 중 가장 건축적이지 않은 건물로 달렸었다. 학생들은 공대 캠퍼스에 대해 불평이 많았다. 너무 바람이 많았고 차가운 공기에 건물이 너무 현대적이었고 거기에는 몇 명의 여학생들만 있었다. 그 건물은 별로 좋지 않았고 나는 잠시 기다려 볼 생각이었다. 강사들은 나무가 자랄 때까지 기다려라 그러면 좀 나아질 것이라고 말했다.

20년이 지나고 우리는 그 도서관 디자인을 위해 초청되었다. 나는 그 장소에 자주 가 보았지만 지금은 그것을 다르게 보기 위해서 왔다. 정말 그 나무들은 자라 있었다. 사실상 그 느릅나무는 아주 빨리 자라 메켈웨그(Mekelweg) 자체가 거대한 건물처럼 보였다. 그러나 근본적으로 그 주변은 20년 동안 변한 것이 없었다. 키 큰 나무와 황폐한 콘크리트 지역 사이의 대비는 엄청난 것이었다. 나는 공과 대학에 낭만주의를 소개하고자 한다. 나는 잔디에서 뒹굴고 햇빛에 빛나는 나무들, 꽃들, 사선의 길들을 꿈꾼다. 나는 새것과 오래 된 것이 함께 있는 캠퍼스를 원하며 학생들이 잠깐 공부하는 것을 멈추고 야외에 앉아서 즐길 수 있는 장소를 원한다. 새로운 도서관은 심장부를 형성해야 하며 그것들은 공원을 닮은 경관 안에 위치해야 한다.

프로그 Frog

메켈웨그(Mekelweg)의 학부 건물들은 경직되어 있었고 서로 어울리지도 않았다. 그것들은 위를 주시하며 단지 거기에 서 있었다. Van den Broek 에 의한 〈Aula〉는 메켈웨그(Mekelweg)의 경직된 축을 깨뜨리고 있다. 이러한 방해는 그 건물의 눈에 띄는 위치를 강조한다. 〈Aula〉는 다르다. 그것은 뭔가 매력적인 것을 가지고 있다. 아름답나 못생겼나? 결국 나는 그 건물을 사랑하게 될 것이지만 너무나도 확고한 느낌은 남을 것이다. 〈Aula〉는 어떤 건물도 그 옆에 있는 것을 견딜 수 없다. 마치 그것은 섬뜩한 화성에서 내려온 것 같은 우주선 같이 보인다. 그것은 콘크리트 표면을 지닌 무례한 콘크리트 건물이다. 건물의 형태는 개구리를 닮았다. 그 개구리는 잔디가 필요하다.

델프트 공대 도서관

터미널 Terminal

새로운 도서관 건물을 위한 프로그램 요구사항은 전자 미디어에 의한 정보 흐름의 규정에 대해 강조하고 있다. 도서관 사서인 Leo Waaijers는 공항 터미널의 효율성을 생각한다. 네덜란드의 〈Schipol 공항〉의 예에서 여행객들과 짐의 흐름이 관련되어 있는 어떤 긍정적인 것을 생각할 수 있다. 〈Schipol 공항〉은 아름답지만 이미지와 분위기에서는 도서관으로서 적합하지 않다. 내가 도서관의 분위기와 연관된 어떤 것이 있는 매력적인 터미널을 생각한다면 그것은 뉴욕의 에로 사리넨이 지은 〈TWA 공항〉일 것이다. 그것은 훌륭한 유기적인 지붕을 가지고 있고 그 밑에는 넓은 홀이 있다.

잔디와 유리 Grass and glass

그 도서관은 건물이 되고자 하는 건물이 아니라 경관이 되고자 하였다. 우리는 개구리를 커다란 잔디에 놓고 마치 종이 장 같이 한쪽 잔디를 들어 올려 그 밑에 기둥을 두었다. 그리고 그 벽을 유리로 채웠다. 그래서 잔디와 유리의 건물이 되었다. 그것은 부드러운 커브 모양의 조경으로 남아서 단지 끝 부분만 날카로울 것이다. 학생들은 완전히 도서관 건물을 넘어 걸을 수 있을 것이다.

콘 cone

커다란 부피는 조경과 대비될 필요가 있다. 오랫동안 상세한 형태에 대해 생각했다. 그것은 원형이어야 했지만 그 건물이 어떻게 끝나야 할 지에 대해서는 의심을 가지고 있다. 건설의 논리 끝에 그 형태를 결정했다. 그것은 원추형(cone)이었다. 마치 자연 속에 있는 북미 원주민의 원추형 천막집 같다. 원추형에 있어 좋았던 것은 공과 대학의 상징으로서 그것의 순수한 건축 형태 때문이었다. 원추형은 원형의 내향적인 독서실에 형태를 부여한다. 그들은 원추형의 꼭대기로부터 매달려 있으며, 거대한 무주공간의 홀을 만든다. 원추형은 공학의 상징이면서 고요와 사색의 상징이기도 하다. 드로잉 핀처럼 그것은 조경의 끝없는 형태를 못박고 있는 것이다.

7

8

희귀본 서고 Treasure chamber

학생들은 들어가기 전에 창고에서 볼 수 있다. 책들을 지나서 들어간다. 유리로 된 책 리프트는 거대한 서고와 연결되어 있고 그것은 사무실과 워크스테이션과 연구실로 둘러싸여 있으며 잔디 속에 박혀 있는 유리벽을 가지고 있다. 이 유리벽과 연구공간을 갖는 방 뒤에는 빨간색 벽이 희귀본 서고가 있음을 표시한다. 희귀본실의 온. 습도는 엄격한 요구사항을 만족시키고 있다.

조명과 난방 Light and warmth

공간과 조명과 완벽한 방음은 도서관 디자인의 변하지 않는 가치이다. 학생들이 그곳에 들어서면 마치 성당처럼 자동적으로 조용히 해야 한다. 도서관은 낮에도 밤에도 열려 있다. 그 건물은 말 그대로 빛을 발하고 따뜻해야 한다. 밤에는 내부가 외부가 된다. 파란색과 빨간색의 벽은 바깥에서 보일 수 있다. 주차장은 갑자기 불이 켜져 유쾌하게 빛이 난다. 또한 내부에서 조경을 느낄 수 있다. 금속의 천장은 모든 실을 통하여 계속되며 끊어짐 없이 기둥에 의해 부드럽게 빛난다. 그 기둥들은 지지하고 있는 그 홀을 밝혀주며 따뜻하게 한다. 그 거대하고 확장된 층은 사하라의 색깔을 가지고 있다. 파란색의 벽은 매달려 있는 책꽂이를 지니고 있는데 그것은 거의 장식이다. 학생들은 도저히 도서관이라고 생각할 수가 없다. 파란색의 벽은 극장의 전기적 파란색이다. 그것은 사실상 더욱 책꽂이가 떠 있는 것처럼 보이게 한다.

질서 Order of Battle

워크스테이션 실은 300여 개의 컴퓨터들로 가득 채워져 있다. 컴퓨터는 혼란스러운 방법으로 시각을 지배한다. 우리가 아는 그 예는 별로 장려할만하지 않다. 파리의 구 국립 도서관에서 연구공간에는 긴 테이블이 있었다. 우리는 프라이버시를 위해, 컴퓨터 모니터로부터 나오는 빛을 가리기 위해 그리고 공간의 질서를 주기

10

11

9

델프트 공대 도서관

위해 파티션을 첨가시켰다. 마치 몬드리안의 구성처럼 빨간색의 매트로 테이블 위에 패턴을 만들었다. 가죽 같이 보이는 것을 구 도서관의 테이블에 새겨 넣었다. 책들과 정기간행물, 컴퓨터는 잘 정돈되어 있다. 그 큰 책상은 도서관의 중심이다. 여기서 학생들은 정보를 얻을 수 있고 여기서 연구가 행해지며 책을 빌리고 돌려주는 것이다. 유리로 된 리프트는 거대한 서고에서 책을 올려보낸다. 그 책상은 유기적 형태를 갖고 있어 코가사스 느티나무로부터 나온 나무껍질 조각 같다.

에코, 잔디와 나무 Eco, Grass and Trees

그 건물은 울림 기술(echo technology)에 대한 조심스러운 생각을 갖고 있다. 잔디로 된 지붕과 기후벽(climate wall) 그리고 냉방과 축열 그리고 지하로 내려간 서고, 그 안에 있는 책들은 좋은 와인처럼 지켜지고 있다. 건축가로서 사람들은 재료를 선택해야 한다. 때때로 100여 개의 벽돌 중에서 선택하기도 한

12

13

다. 그러나 잔디의 타입을 선택하게 해주는 것은 경험이다. 잔디에는 100여 개의 타입이 있음이 밝혀졌다. 〈Aula〉 주변의 콘크리트 포장석이 제거되었을 때 잔디가 펼쳐졌다. 전에는 네덜란드에서 그렇게 많은 잔디가 펼쳐졌던 적이 없었다. 〈Aula〉는 마치 떠 있는 것 같다. 우리는 두 개의 새로운 건물을 가지고 있다: 도서관은 랜디스케이프를 지지하며 〈Aula〉는 랜디스케이프로 내려왔다. 외로운 나무들을 위해 이 랜디스케이프에 한 장소를 주었다. 우리는 두 개의 떡갈나무를 선택하였고 세 개의 너도밤나무, 아카시아 나무를 선택했다. 그것들은 놀랍게 흰색 선으로 분리된 새로운 흑색석의 구성에도, 주차장에서 재활용된 돌들과도 잘 들어맞았다.

공생 Symbiosis

대학은 공과 대학 도서관건물이 있는 동안 또 다른 수용에 대한 요구를 만족시키기 위해 그 도서관이 지어지기를 기대한다. Vastgoed는 우리에게 〈Aula〉를 확장시키기를 요구했다. 나는 신성불가침의 콘크리트 조각물을 이런 방식으로 이렇게 빨리 바꿀 수가 없다. 나는 건물 확장을 위한 예산에 관한 것과 수용인원의 문제를 해결하기 위해 레스토랑의 내부를 바꿀 수 있도록 한 제안서를 들고 건축주에게 돌아갔다. 그들은 동의하였다. 우리는 천천히 그 개구리의 표면으로 올라갔고 그 조직을 없애지 않고 하나씩 새롭게 하였다. 레스토랑을 개조하였고 바를 만들었으며 카운터도 만들었고 홀에 리프트도 만들었다. Van den Broek와 Bakema에 대한 존경심을 가지고…
결국 대학 레스토랑의 전망은 도서관 경관을 바라보는데 있어 내가 가장 좋아하는 장소가 되었다. 개구리와 도서관은 완벽하게 공생한다.

15

14

16

| 디자인 컨셉 |

이 건물은 네델란드 건축가 그룹 Mecanoo의 작품으로 델프트 공대 캠퍼스 내에 위치하고 있다. 델프트 공대의 녹지와 일체화되어 있는 이 건물은 건물이 주변 자연과 하나가 되어 존재하고 있다. 그 대표적인 방법으로 잔디로 펼쳐져 있는 넓은 대지 건물은 그 지형을 그대로 받아 자연 경사지를 형성하면서 존재하고 있다. 가운데 있는 45m 높이의 원뿔형 매스가 건물의 존재를 부각시키고 있고, 이것은 전체 건물의 중심을 형성하고 있다.

이 건물은 공공 도서관이라는 기능에 충실하기 위해 내부공간을 개방형으로 구성하고 있다. 배치 상으로도 학생회관 건물과 마주보면서 광장을 공유하고 있고, 이 건물의 잔디 경사로 부분은 광장을 흡수하면서 학생들의 만남과 모임의 장소를 제공하고 있다. 건물의 한 면은 자연 경사로를 이루면서 자연스럽게 입면을 형성하고 있고, 다른 3면은 전체를 유리로 마감하고 있다. 한편 내부 공간은 주변으로 외기에 면하도록 작은 방들이 배치되어 있고, 그 안쪽에는 지붕 층까지 개방된 대형 공간을 형성하고 있다. 그 가운데 외부에서 인식했던 원추형 매스가 자리잡고 있는데, 이 매스는 개가 서고를 형성하고 있는 대형 공간에 하나의 오브제가 되어 존재하면서 기능적으로는 조용한 공간을 제공하는 열람실로서 기능하고 있다.

| 프로그램 |

이 건물은 책의 수집이라는 1차적인 도서관 기능보다는 공공성을 강조하는 도서관으로서 기능하는 역할을 강조하였다. 건물은 대학 캠퍼스 내 학생광장과 마주보면서 배치되어 있고, 건물 전체가 이 공간과 대응하면서 디자인되었다. 이 건물은 특별한 층 개념을 없애버리면서 부분 5층의 규모로 계획되었다. 이 도서관은 개가 열람실과 자료실로 구성되어 있고, 1층에는 컴퓨터실, 검색실, 락커, 휴게실 등이 있고, 각층의 창가 쪽으로는 세미나실, 사무실 같은 막힌 공간들이 배치되어 있다. 개가 열람실의 서고는 대형 공간에 커다란 책꽂이가 서있듯 배치되어 있고, 이 곳에서 원뿔형 매스의 열람실로 들어가 열람할 수 있도록 구성되어 있다.

이 건물은 델프트 공대 캠퍼스 내의 핵심 부분에
위치하고 있다. 학생회관과 광장을 마주보고 있는
이 도서관은 캠퍼스 내에서 핵심적인 공공기능을
담당하도록 계획되었다. 광장에 이르면 이 영역을
포함하는 도서관 매스를 만나게 되는데, 이 건물의
광장의 일부로 인식되고 있다. 건물의 원뿔 매스를
보고 다가서면 경사로 안으로 들어가는 입구를 맞
이하게 된다. 입구는 사선으로 디자인되어 강하게
끌어들이고 있다. 입구를 들어가면, 좌측으로는 컴
퓨터 검색실이 있고, 우측으로는 락커와 휴게실이
있다. 이곳을 통과하면 눈앞에 대형공간과 원뿔 매
스가 눈앞에 들어온다. 창가 주변으로는 각종 세미
나실과 사무실들이 배치되어 있고, 건물의 모서리
부분에 수직동선의 계단들이 배치되어 있다. 그리
고 내부 대형공간은 공간을 하나로 쓰고 있는데,
수직동선은 크게 두 가지로 구분된다. 하부가 오픈
되어 있는 원뿔 매스에서 위로 올라가는 수직동선
과 그 뒤쪽에 배치되어있는 서고에서 연결된 수직
동선이 그것이다. 일단 학생이 책을 찾기 위해서는
마치 대형 책꽂이를 연상시키는 개방 서고 쪽으로
이동하여 4개 층에 걸쳐 자료를 찾고, 이곳에서 다
리로 연결된 원뿔 매스의 열람실로 이동하여 열람
하도록 동선이 구성되어 있다.

이 건물은 부정형의 매스를 형성하고 있다. 외부
의 대지가 건물을 타고 올라와 자연스럽게 지붕
경사를 형성하고 이곳은 잔디로 구성되어 주변자
연과 일치되고 있다. 또한 이것은 에너지 관리에
도 효과적으로 대응하고 있다. 내부 공간은 대형
공간을 형성하면서 기둥의 숲을 이루면서 지붕 슬
라브를 지지하고 있고, 원뿔 매스는 지붕과 분리
시켜 독립적으로 서있고, 그 틈으로는 천창을 두
고 빛을 받아들여서 내부공간에 자연광과 함께 다
소 무거워보일 수 있는 매스의 중량감을 해소시키
고 있다. 한편 외부 마감은 커튼 월 유리로 마감
하고 ,수평 띠를 불규칙적으로 삽입하여 입면 디
자인에 재미를 제공하면서 정형화되지 않는 형태
를 강조하고 있다.

이 건물은 부정형의 매스를 형성하고 있다. 외부
의 대지가 건물을 타고 올라와 자연스럽게 지붕
경사를 형성하고 이곳은 잔디로 구성되어 주변자
연과 일치되고 있다. 또한 이것은 에너지 관리에
도 효과적으로 대응하고 있다. 내부 공간은 대형
공간을 형성하면서 기둥의 숲을 이루면서 지붕 슬
라브를 지지하고 있고, 원뿔 매스는 지붕과 분리
시켜 독립적으로 서있고, 그 틈으로는 천창을 두
고 빛을 받아들여서 내부공간에 자연광과 함께 다
소 무거워보일 수 있는 매스의 중량감을 해소시키
고 있다. 한편 외부 마감은 커튼 월 유리로 마감
하고 ,수평 띠를 불규칙적으로 삽입하여 입면 디
자인에 재미를 제공하면서 정형화되지 않는 형태
를 강조하고 있다.

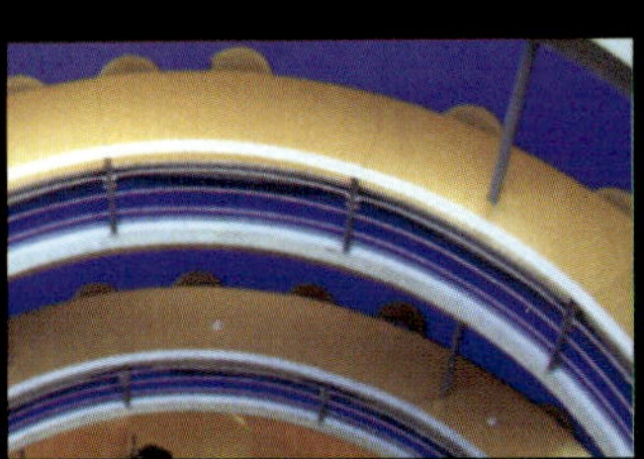

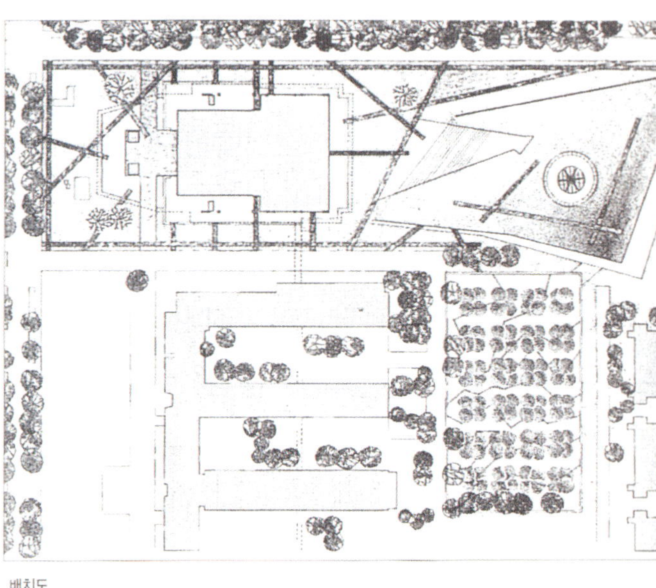

배치도

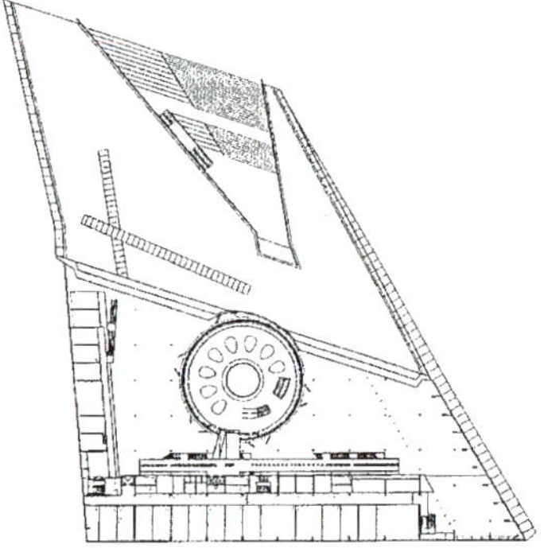

1층 평면도

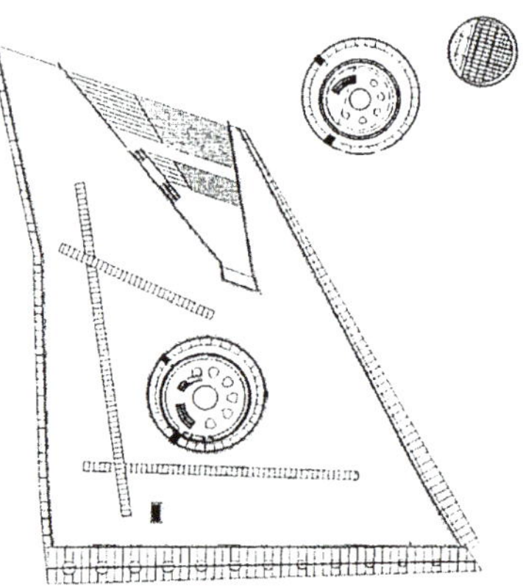

3, 4층 평면도

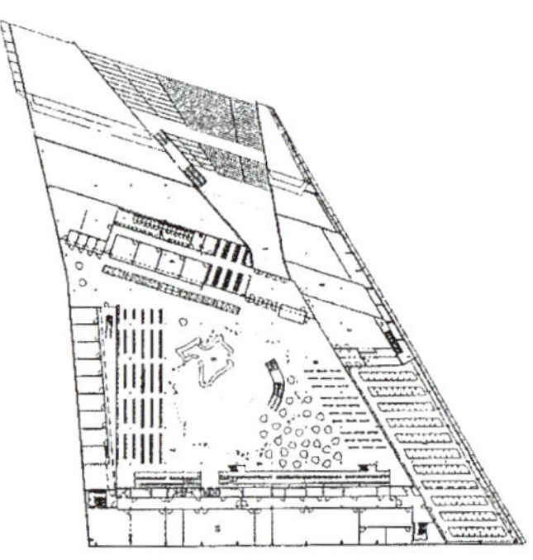

지층 평면도

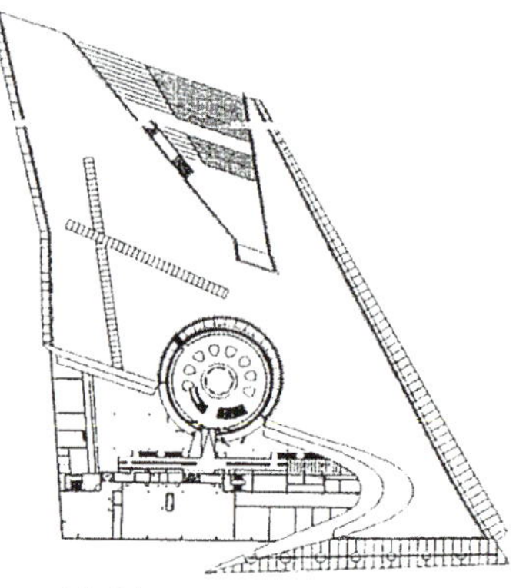

2층 평면도

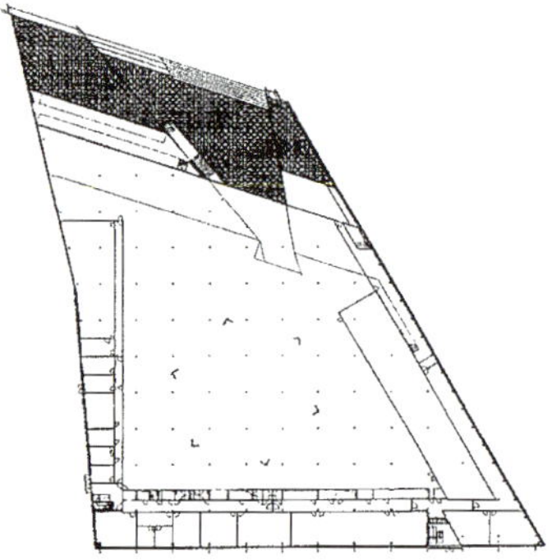

지하층 평면도

INFORMATIE
IS DE
DIE GROE
RU

유트레히트 대학 건물
Utrecht University Minnaert Building

Neutelings – Riedijk의 건축사고방식

Neutelings-Riedijk 인물사진

빌헤름 얀 노이텔링스(Willem Jan Neutelings)가 카툰(시사만화)을 그의 평면을 나타내는데 사용한 것에서 영향을 받아 노에링스 리디지크(Neuelings – Riedijk)가 작품에 있어 특이한 성향을 보인 것은 분명한 일이다. 분명하고 단순한 선, 그리고 무엇보다도 벨기에의 시사 만화가로부터 영감을 받은 그림은 그의 디자인 원칙이 되었으며 그들 스스로 오류가 없는 미학을 만들어내었다.

처음부터 이러한 미학은 1950년대 현대건축을 무겁게 그려내며, 네덜란드의 도안가이자 필름 메이커인 주스트 스와르트(Joost Swarte)의 작품에서 누군가 발견한 것처럼, 대부분의 표면을 덮고 있는 재료의 장식적 사용과 결합되었다. 그러나 최근에 그의 파트너인 미셸 리에디지(Michel Riedij)와 함께 노에링스(Neutelings)는 쉽게 이해되고 있는 전문용어(Jargon)로부터 스스로 거리를 두었다. 게다가 노에링스(Neutelings)의 건물 외관은 그 힘에 대한 정확하고 간결한 설명을 감추고 있는데, 그것은 우리의 건설 환경에 영향을 미친다. 이것은 노에링스(Neutelings)의 "Ring Culture"에 대한 연구, 안트웨르프(Antwerp) 교외의 계획 원칙, 그리고 헤이그와 로테르담 사이에서 발전시켰던 "카펫 메트로폴리스(Carpet Metropolis)", 여러 건물 유형에 대한 구조적 측정에 관한 원리 등에서 처음으로 명백해진다. 건설 환경을 지배하는 이름 없는 법규에 커다란 관심을 나타내는 것을 초월해 일련의 프로젝트는 이들 법규들이 건축과 도시계획의 융통성 있는 변화를 만드는데 몰두하고 있음을 보여준다.

오늘날 노에링스(Neuelings)의 연구는 법규와 규칙에 관심을 가지고 있는데, 그것들이 건물의 요구사항과 프로그램으로 세분화되어 있기 때문이다. 대규모의 설계에서 이들 법규는 공간의 크기, 내부 공기조화에 관한 것과 가구배치에 관한 것 등의 66%를 세분화한다. 나머지 34%는 지침이 없으므로 건축가들에게 마지막으로 주어진 자유가 된다.

유트레히트(Utrecht)의 Uithof에 있는 〈미네르트(Minnaert) 건물〉(1997)이나 에드(Ede)에 있는 〈빈만 프린터스

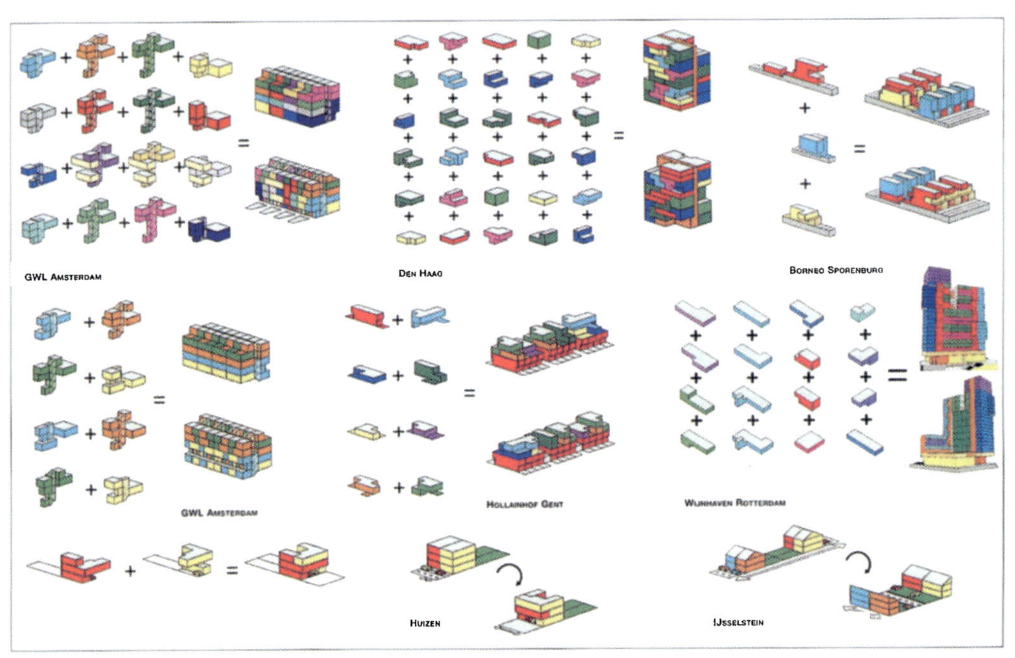

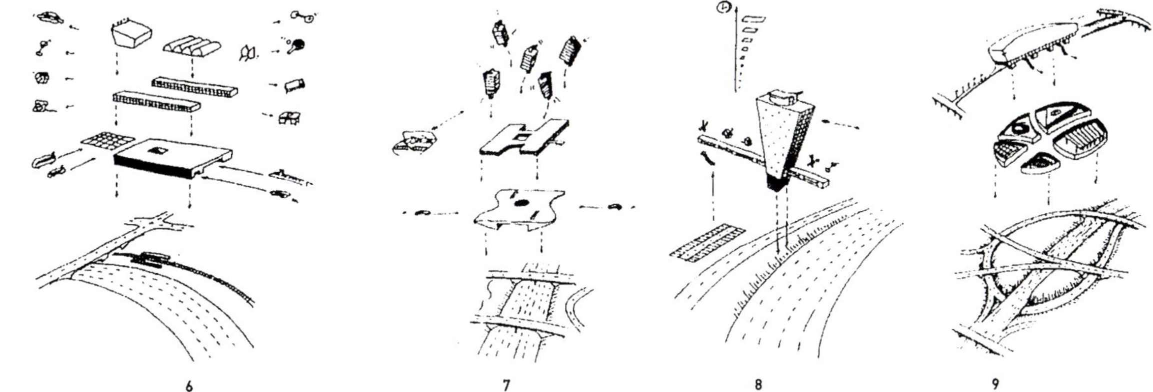

1 만화와 같은 건축 디자인 개념 1
2 만화와 같은 건축 디자인 개념 2
3 만화와 같은 건축 디자인 개념 3
4 다양한 볼륨 스터디/주거자를 위한 유형학적 스터디
5 링(ring) 도로를 위한 5가지 유형 스터디 (Distribution Slab)
6 링(ring) 도로를 위한 5가지 유형 스터디 (City Vestibule)
7 링(ring) 도로를 위한 5가지 유형 스터디 (Plateau Group)
8 링(ring) 도로를 위한 5가지 유형 스터디 (Temporary Residence Block)
9 링(ring) 도로를 위한 5가지 유형 스터디 (Spaghetti Junction)
10 Veenman Printers 빌딩을 위한 디자인 개념
11 Veenman Printers 빌딩 전경

5   6   7   8   9

(Veenman Printers)〉(1997)와 같은 최근의 건물에서는 건물 중간에서 사람들이 한 점으로 집중되며 건물을 사용하는 사람들에게 특별한 건축적 경험을 하도록 한다. 〈빈만 프린터스(Veenman Printers)〉의 경우 이 공공 구역은 West8에 의해 만들어진 중정(Patio)으로서 모든 방에서 보이며 사무실, 컨설팅 룸, 프린트 숍과 연결되어 있다.

〈미네르트(Minnaert) 건물〉은 물리학과 천문학, 지구과학, 수학 학부와 유트레히트(Utrecht) 대학의 정보 센터를 위해 시설을 공유하는데 ―강의 홀, 실험실, 사무실과 레스토랑 등― 이들 학부 건물들은 위로 지나가는 통로로 인해 연결되고 있다. 거대한 중심 홀 주변의 공공 공간은 가능한 밀실하게 지어졌으며 그 가장자리 주위는 무어 스타일(Moorish)의 벤치가 있다. 요구사항이 없는 공간을 중앙 홀에 집중시킴으로서 겨울에 춥게 내버려 둘 수 있고 여름에 따뜻하게 그리고 비가 올 때 물이 지붕의 커다란 연통을 향하게 하고 흙탕물이 기울어진 바닥으로 흐르게 한다. 그래서 풀(pool)을 형성하여 계절에 따라 물이 빠지기도 하고 넘치기도 하는 것이다. 해가 비칠 때 한 줄기 빛은 물이 흐르던 연통(funnel)으로 들어간다. 이 스튜디오는 내부 기후를 변화시킴으로써 사람들로 하여금 감각을 자극하도록 되어 있으며, 이는 표준적인 건물의 단조로움을 피하기 위함이다.

〈미네르트(Minnaert) 건물〉의 홀은 또 하나의 기능을 가지고 있다.

엄격한 네덜란드의 공간적 독립성(isolation)에 대한 요구사항은 역설적인 상황을 만들어냈는데, 건물은 더

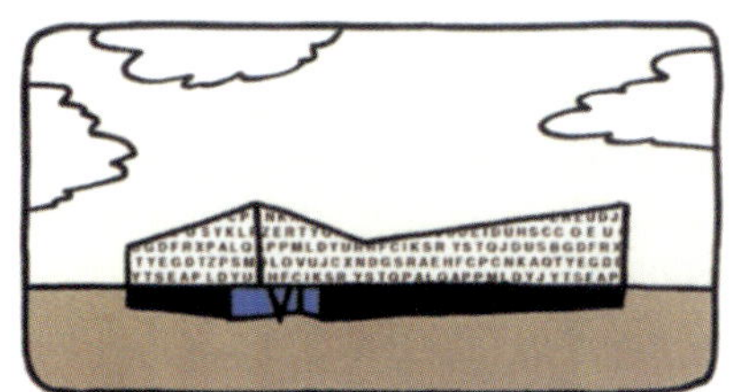

유트레히트 대학 건물

이상 난방이 거의 필요 없고 대신 지속적인 냉방이 필요하며, 그 이유는 조명과 사람들 그리고 컴퓨터의 열 (熱)이 더 이상 방출되지 않기때문이다. 〈미네르트(Minnaert) 건물〉 안에서 이 열은 차가워진 천장에서 우수 (雨水) 버퍼로 옮겨지며 이렇게 모아진 물의 온도는 매일 섭씨 2도씩 올라간다. 밤에는 이 물이 다시 지붕으로 올라가서 그 열기를 차가운 하늘로 내뿜는다.

노에링스 리드지크(Neutelings – Riedijk)는 분명한 어조로 그들의 건물이 "벌거벗은 채 태어났다"라고 말하며 그것은 그들이 어떻게 옷을 입을 것인가 에 대한 준비가 되어 있는 개념을 말한다고 주장한다. 〈미네르트 (Minnaert) 건물〉은 주름진 옅은 붉은 빛의 자켓을 입고 있다. 〈빈맨 프린터스(Veenman Printers)〉는 투명한 정면으로 전체 빌딩을 덮고 있으며 매년 새로운 그래픽 디자이너가 디자인을 할 수 있다. 현재의 디자인은 캐럴 모르텐스(Karel Mortens)가 쉬퍼(K. Schipper)의 시에 근거하여 디자인한 것인데, 몇 년은 더 남아

12

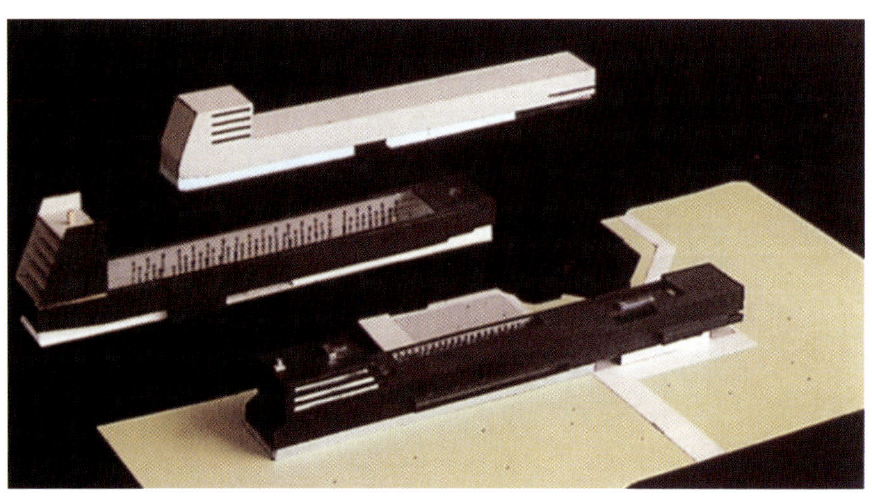

13

14

15

있을 것이다. 시사만화의 캡션 방법대로 글자는 정면에서 구조적 기둥으로 쓰이며 종종 방문객의 이름과 그 건물의 기능을 알려주기도 한다.

마스트리히트(Maastricht)의 소방서 정면에서는 건축가가 건물의 의미를 다른 방법으로 암시하고 있다. 정면 입면의 어두운 녹색의 판넬은 부조패턴으로 되어 있어 무거운 자동차가 지나갔음에도 불구하고 소방서의 핵심인 소방차의 힘을 암시하기도 하며, 주도로와 철도 그리고 산업단지로 특징 지워지는 그 사이트에 대해 암시하기도 한다. 2층 높이의 차고는 당연히 건물의 중심이다. 뒤편으로 1층 워크샵이 있고 1층에는 침실과 2층에는 사무실들이 있다. 그리고 이곳에 레크레이션 룸과 휴게실이 위치한다. 차고를 지나서 2층에는 진화할 때 쓰이는 거대한 워터 풀이 있다. 거친 정면 뒤에 숨겨져 있지만 그것은 훌륭한 테라스를 가지고 있는 연못(pond)으로서 기능을 하며, 시끄러운 차량과 산업시설 속에서 기대하지 못한 오아시스를 형성하고 있다.

〈빈맨 프린터스(Veenman Printers)〉는 여전히 어떤 민첩한 모더니스트의 우아함을 지니고 있지만 〈미네르트(Minnaert) 빌딩〉과 소방서 건물은 유행을 따르지 않는 강한 특징을 지닌 채 건축가들에게 매우 중요한 영향을 미쳤다. 그들은 새 건물이 종종 최근 경향을 따르다가 값싼 것이 되어버리기 때문에 유행을 따르는 것이 종종 불필요하다고 클라이언트를 설득할 수 있음에 대해 자부심을 가진다. 쉬어펜휴벨(Scherpenheuvel)에서 새로운 지국(支局)을 세우기를 원하는 벨지안 포스트 오피스(Belgian Post Office)의 경우처럼, 재활용(recycling)되는 기존건물을 대신 선택한 경우가 있는데, 노에링스(Neutelings – Riedijk)는 기존의 빌라를 새롭게 단장하는 것을 제안하여 카운터와 휴게실을 수용하도록 하였고, 일종의 콘크리트 벙커를 덧붙여 거기서 우편물을 분류하며 현금차량이 비워지고 서비스 자전거가 주차되도록 만들었다.

Utrecht University Minnaert Building

Leuvenlaan, Utrecht, The Netherland, 1997, Neutelings-Riedijk

작품설명

| 디자인 컨셉 |

이 건물은 유트레히트 대학 캠퍼스 내에 있는 대학 건물 중 하나
이다. 건물은 길게 늘어서 있어 기존에 있던 대학 건물들의 얼굴
로서 역할하고 있고 기능적으로 각 건물들과 다리를 통해 서로
연결되어 있다. 이 건물은 외관상 다른 건물들과 달리 형태적으로
색깔이 독특하다. 적갈색의 외관에는 주름진 돌기가 디자인되어
있는데, 이것은 부분적으로는 배관을 감싼 것이지만 대부분 디자
인 요소로 사용되고 있다. 또한 입구의 오른쪽에 쓰여진
MINNAERT는 이 건물의 존재를 더욱 부각시키는 그래픽요소로
서 작용하고 있다. 이 건물의 내부 공간은 더욱 독특하게 구성되
어 있다. 건물의 중심이 되는 홀 공간이 2층에 위치하고 있는데,
상당히 큰 규모의 홀에는 반 이상이 수공간으로 채워져 있다. 이
물은 외부에서 공급되는데, 특히 비가 올때는 옥상에서 채워진 물
이 내부로 흐르도록 디자인 되어있고, 다시 이 물은 냉방에 쓰이
도록 시스템되어 있어 에너지 환경도 고려하여 디자인되었다. 그
리고 반대편에는 작은 부스들을 만들어 학생이나 교수들이 차를
마시면서 모임이나 휴식을 갖을 수 있는 공간을 설치하였다. 또한
서쪽에 위치한 연구실쪽의 계단실은 공간의 시선이 마지막 층까
지 트여있어 시각적 개방감을 주고 있다.

| 프로그램 |

이 건물은 기존 대학건물과 연계하여 새로운 네트워크를 구
성하는 건물로서 주변 건물의 중심을 이루고 있는 대학 연구
건물이다. 건물명의 'MINNAERT'는 천문학과 생물학의 거두
유트레히트 대학의 Minnaert교수로부터 잡은 것이다. 건물은
캠퍼스 주 도로의 넓은 녹지 위에 자리잡고 있고, 주변의 녹
색잔디와 강한 대조를 이루면서 서 있다.

| 동선순환체계 |

유트레히트 대학 캠퍼스 주 도로 변에 서있는 이 건물은 독특한 인상으로 서 있다. 주도로에서 조금 걸어 들어가면 주 출입구가 보이는 건물 규모에 비해 입구는 협소하다. 건물의 주 기능은 2층에서 이루어지기 때문에 로비도 2층에 구성되어 있다. 2층은 이 건물의 중심공간이고, 특히 다른 건물과 다리로 연결되는 곳으로 주변 건물들을 묶어주는 곳이기도 하다. 이 홀을 중심으로 양쪽에 별도의 수직 계단이 구성되어 있어 자체적으로 동선이 해결되도록 구성되었다.

| 구조 시스템 |

이 건물은 형태적으로 장방형의 박스 형태를 취하고 있고 부분 5층으로 구성된 건물이다. 주 공간인 로비는 2층에 위치하고 있고 2개층으로 오픈되어 있어 대공간을 형성하면서 천창에 있어 측창을 설치하여 빛을 받아들이고 있다. 또한 1층에 설치되어 있는 그래픽 문구는 상징적 의미 뿐아니라 구조적인 기둥 역할을 하고 있다. 건물의 외관은 적갈색으로 마감되어 있는데, 전체적으로 통일된 마감을 사용해서 매스라는 이미지를 전달하는 데 충실하고 있다.

| 구조 시스템 |

- 수공간: 로비부분의 반을 차지하는 이 공간은 자연 현상을 내부로 끌어들이도록 디자인되었다.
- 측창: 로비에 있는 측창은 수공간과 그 벽면에 빛이 반사되어 은은한 분위기를 연출한다.
- 휴게실 부스: 로비 한쪽에 마련된 부스는 반 폐쇄적으로 구성되어 개별적인 모임이나 휴식을 하기에 용이하도록 되어 있다.
- 식당 기둥: 2개층이 오픈된 식당의 기둥들은 거대한 규모에 비해 상부를 조명으로 투명하게 처리하여 상대적으로 가볍게 보이도록 하였다.

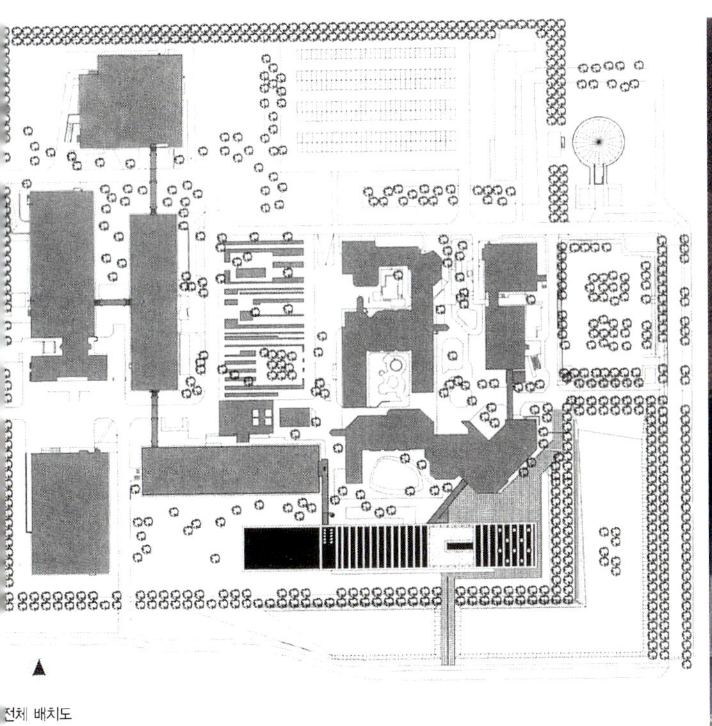

전체 배치도

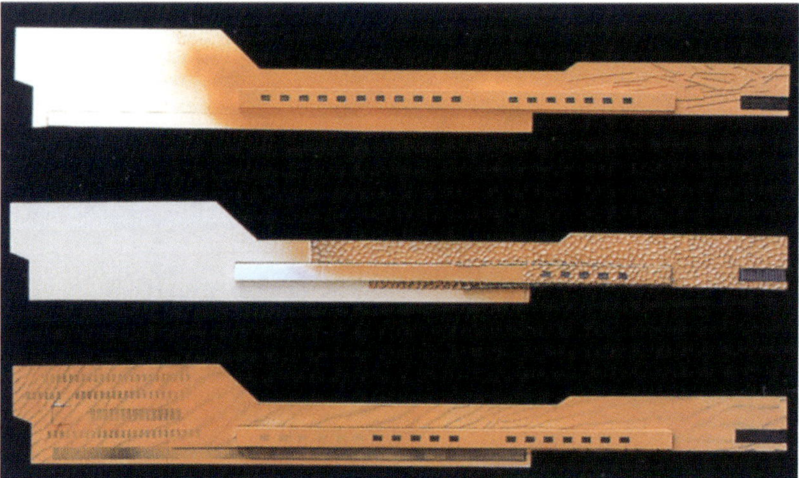

입면 스터디 모델 1

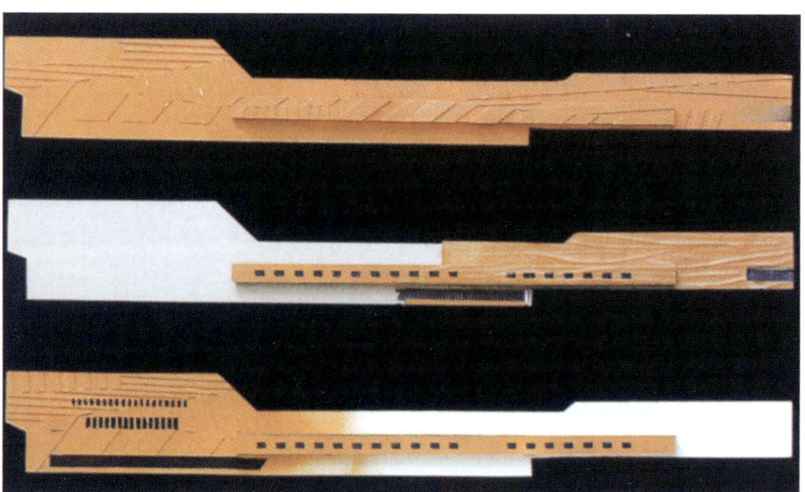

입면 스터디 모델 2

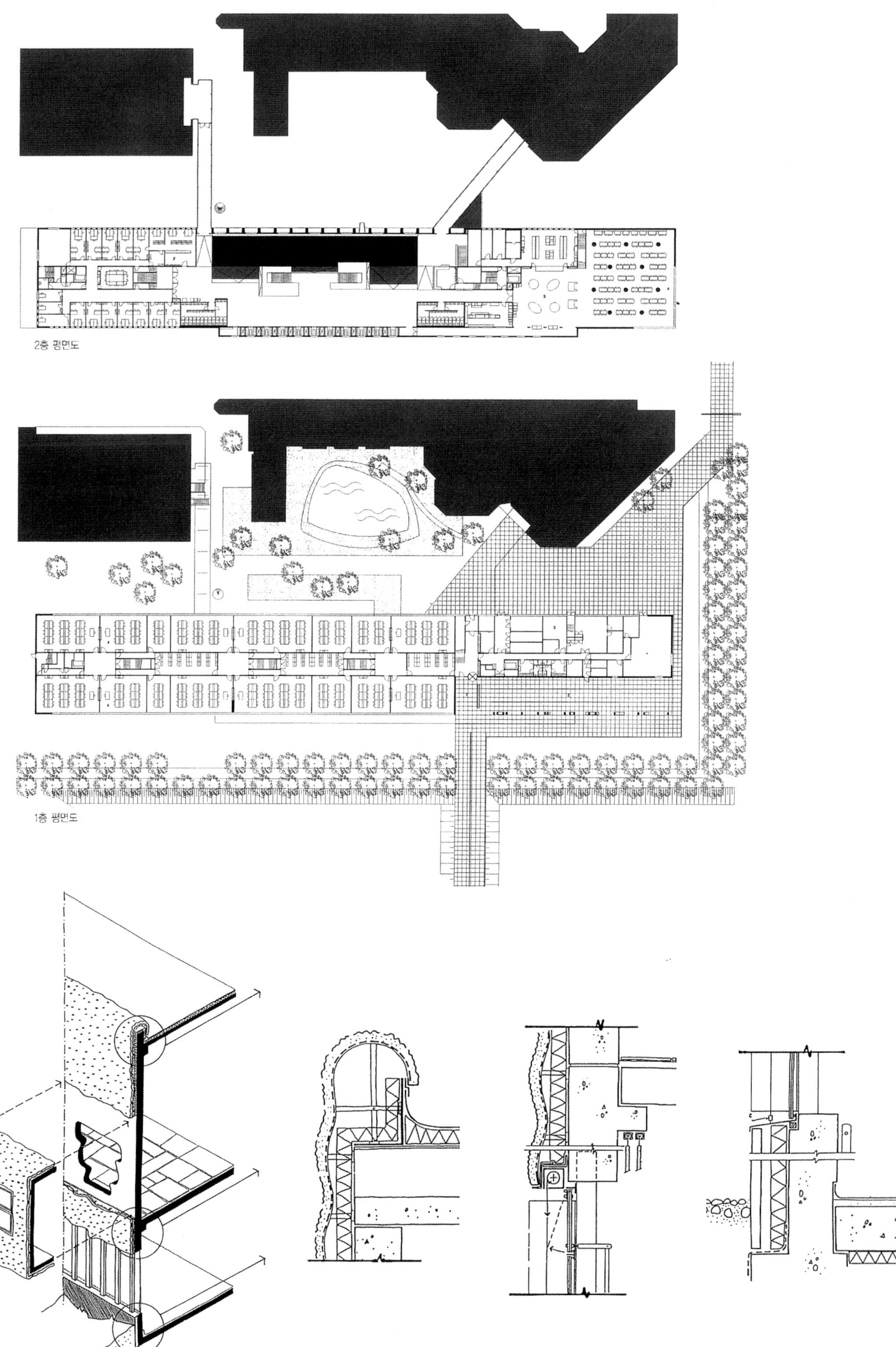

2층 평면도
1층 평면도
화사드측 단면 디테일

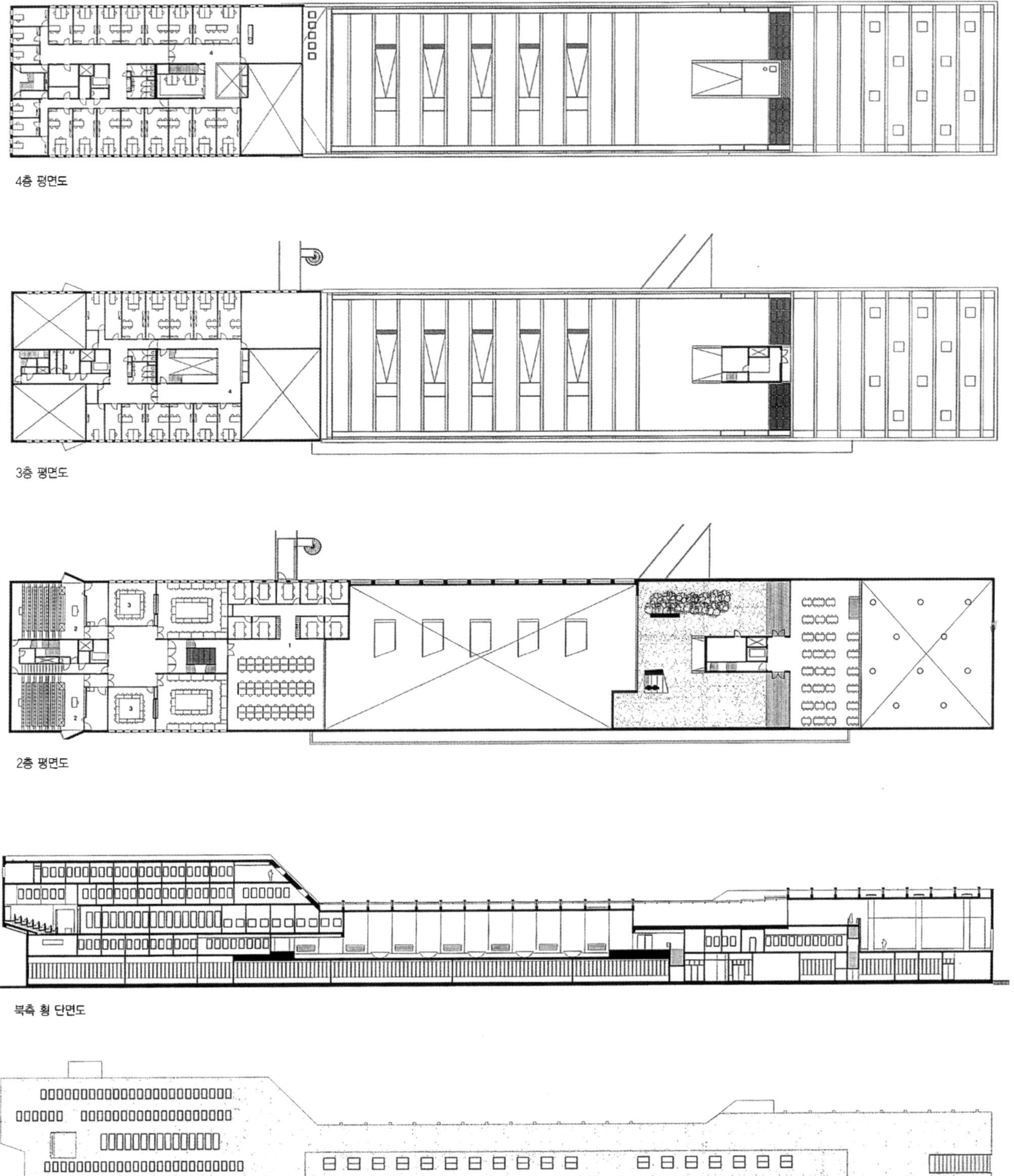

4층 평면도

3층 평면도

2층 평면도

북측 횡 단면도

남측 입면도

유트레히트 경영, 경제 학부 건물
Faculty of Management and Economics, Utrecht Un

Mecanoo의 건축선언 – Mecanoo

높은 지가 Land as Expensive Commodity

로스엔젤레스와 도쿄의 차이점은 모든 면에서 명확하다.

로스엔젤레스는 20세기의 도시이며 사람보다는 차를 위해 디자인되어 건물면적보다 넓은 주차공간이 있다. 드넓은 땅이 있지만 거의 쓸모가 없다. 21세기에는 변화되어야 한다. 도쿄는 공공교통과 수백만의 인구를 위한 거대한 도시이다. 그래서 아무리 작은 땅이라도 용도를 생각해야 하고 땅위나 땅 밑이나 마찬가지이다. 땅은 매우 비싸서 그 위에 서있는 빌딩이나 집보다 오히려 더 비싸다.

네덜란드는 매우 높은 인구밀도를 가지고 있고 땅은 부족하다. 그리고 너무 낮은 지가 때문에 땅을 낭비하고 있다. 그래서 땅의 이중적인 사용, 즉 건물과 하부구조의 독창적인 결합 같은 지혜로운 방법이 나타나지 않는 것이다.

자연을 사랑함 Love of Nature

네덜란드는 세계에서 가장 개발가능성이 많은 나라이다.

물과 바람과 구름의 나라이다. 네덜란드의 경관은 정적이라기보다는 여러 가지 요소들이 대비되면서 변화무쌍하다. 즉 질서와 혼돈, 간척지와 호수, 운하와 습지대, 젖은 땅과 마른땅... 기술자의 도움을 받으면 어디에나 건물을 지을 수 있다. 제한이 없지만 땅이 너무 다루기 쉬워 자칫 망가뜨릴 수도 있다.

자연은 바꿀 수 없는 가치와 아름다움, 다양한 색깔, 재료와 재질을 지녔다. 나는 바다와 하늘, 나무와 나뭇잎, 풀과 돌과 바위의 풍부함을 그리고 싶다. 나는 나무와 대나무, 아연, 구리, 콘크리트, 유리와 철 같은 재료를 조화롭게 사용한다.

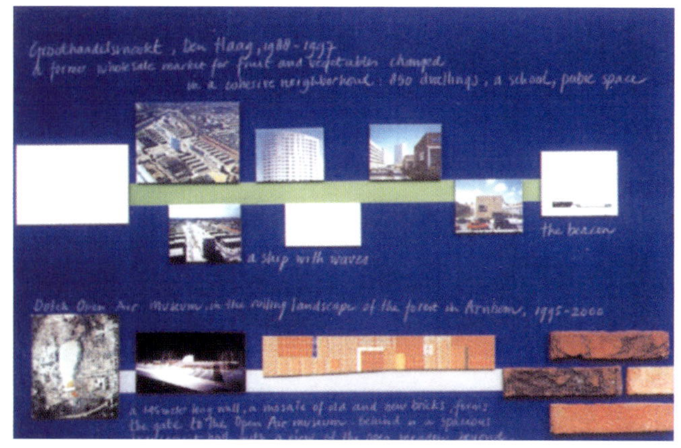

rsity

자연환경 보존의 공동의 책임이 있음
Collective Responsibility for Sustainability

네덜란드는 전통적으로 물을 관리해야하는 공동의 책임이 있는 나라이다.

명확한 합의에 따라 그 땅과 물을 통제한다. 문자적으로 이것은 다시 말해 우리가 합의를 끌어낼 것이란 뜻이다.

물 관리에 대한 공동의 책임은 어떻게 국토를 자연환경의 파괴 없이 개발할 것인가에 대한 공동의 책임으로 확대되어야 한다. 결국, 이것은 우리가 어떻게 살아 남을까에 대한 질문이기도 하다.

도시계획의 중요성 Wealth of Urban Planning

우리는 단지계획을 위한 도시계획의 가능성들을 자주 잊는다.

정원이 있고 정면에 주차할 수 있는 집이 가장 좋아 보인다. 사회는 다양한 종류의 가족들과 노년층으로 이루어지며 그래서 대(多) 문화적이다. 기술의 잠재성은 지속적으로 발전하여 일과 휴식을 동시에 할 수 있는 주택과 단지계획을 위해서, 통신설비는 새로운 분야가 될 것이다. 운송수단이나 자동차로 인해 공공장소를 침해하지 않는 새로운 도시계획을 요구한다. 그래서 우리는 빌딩과 주택을 시간의 구애를 받지 않고 많은 변화를 견뎌내는 네덜란드 마을처럼 기능적이고 아름답게 디자인 해야한다.

도전으로서 협동작업 Cooperation as Challenge

건축을 개발하기 위한 관심은 자유롭게 실험하며 단편화된 디자인 실무와 건축물을 같이 작업하려는 사람들에 의해 나온다.

디자인 업무의 변화로 건축가는 점차적으로 다른 훈련을 수반하는 공동작업을 수행하게 된다. 교통분야에서 완벽한 작업을 하기 위해서는 도로와 수력공학 기술자들과 조경건축가들과 일해야 한다. 이는 프로그램과 건설, 그리고 물과 재료가 결합된 실험을 의미할 뿐 아니라 건축가 자신의 역할과 책임감을 강조하는 것이다.

3

4

유트레히트 경영, 경제 학부 건물

총 지휘자와 각본가 Director and Script Writer

베를라혜가 지은 〈반 넬 공장〉과 리트벨트의 〈슈로더 주택〉, 〈Amsterdam–Zuid〉는 건축주와 건축가 사이의 고무적인 관계에서 나온 혁신적인 건축의 전통적인 예이다.

시간이 지남에 따라 정부와 부동산 개발업자와 투자자와 소비자간의 역할분담은 더욱 혼란스러워 진다. 건축가는 더 이상 디자인에만 관여하는 것이 아니다. 건축가는 총감독과 기획자의 역할까지 수행해야 한다. 건축가는 아이디어와 이미지, 분위기, 모형과 드로잉으로 클라이언트가 진정으로 원하는 것을 발견해야 한다.

손으로 쓰기와 언어 Handwriting and Language

스타일에 대한 논의는 흥미롭지만 장기적으로 볼 때 핵심적인 것은 아니다.

이것의 가장 좋은 예는 헤이그의 알바로 시자(Alvaro Siza)에 의한 두 개의 주택의 구성이다. 하나는 암스테르담 파의 스타일이고 다른 하나는 신즉물주의(Neue Sachlichkeit) 스타일이다. 두 가지 스타일은 20세기에 서로 경쟁되어온 것이다. 프로젝트의 아름다움은 내적인 것과 외적인 것, 무거움과 가벼움, 구상적인 것과 추상적인 것의 결합에 있다. 스타일은 시대 착오적인 현상이다. 건축은 수작업에 따른 기술적인 것이 필요하다. 그래서 다른 언어로 쓰일 수 있으며 각각의 경우와 프로젝트에 적절히 대응할 수 있다.

빈 공간의 구성 Composition of Empty Space

구성을 만들어내는 데는 법칙이 없다.

내가 할 수 있는 최선의 방법은 식사를 서빙하고 차리는 데에 관한 법칙에 대해 쓴 일본 책을 참조하는 것이다. 모호한 기하학이나 대칭으로 작업하면 흥미롭지 못하기 때문에 방해를 받는다. 공간이나 비어 있는 공간은 구성과 리듬, 우아함의 핵심적인 부분이 된다. 대비되는 형태 사이의 공간, 즉 원과 사각형, 길고 짧은 것, 크고 작은 것 등은 더 나은 형태를 가져오며 이것이 건축에서 더 진실 된 것이다.

5

6

7

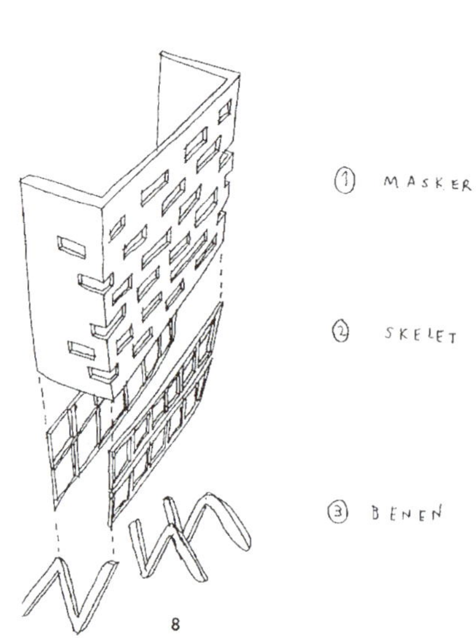

8

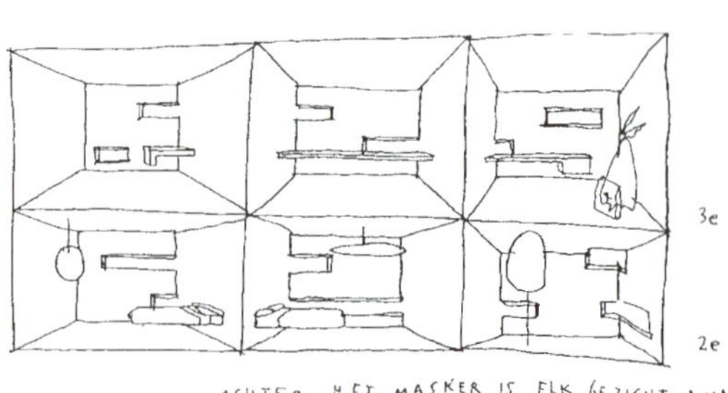

9

분석과 직관 Analysis and Intuition

당신은 모든 것을 분석할 수 있지만 대부분이 직관의 문제인 것이다.

데이비드 호크니(David Hockney)의 작품은 항상 호소력이 있다. 그의 작품에서는 비 독단적이며 낙관주의적 태도를 볼 수 있고 새로운 기술로 예술 실험을 하려는 용기를 볼 수 있다. 그러한 태도는 에너지의 원천이 되며, 건축 실무에서의 복잡한 압력 속에서 탄력성의 원천이 된다. 분석과 직관을 조합하는 것은 건축을 위해 매우 가치 있는 일이다.

형태와 감정의 화해 Arrangement of Form and Emotion

Charles & Ray Eames 는 기술적인 것과 인간적인 것 그리고 유희적인 면을 하나의 해결책으로 결합할 수 있었다.

그들은 의자에 새로운 재료를 사용하는 실험을 했으며 그들이 줄곧 해왔던 한계를 발견할 수 있었다. 그래서 그들은 계속해서 새로운 해결방법을 찾게 되었다. 그들은 독단적인 디자이너가 아니었으며, 편안함에 대한 시각을 잃어버리지 않았다. 그들은 왕관 없는 왕이었으며 화해의 여왕이었다. 그들의 작품은 지속적인 감동이 있다. 그들의 주택은 1949년에 로스엔젤레스의 산타모니카 언덕 상록수 나무 뒤에 아름답게 지어졌다. 이것은 기술적인 것과 감각적인 것을 결합했을 때 어떤 일이 일어나는지를 보여준다. 건축은 모든 감각에 호소해야 하며 단순히 지적인 것, 개념적인 것 또는 시각적인 유희여서는 안 된다. 건축은 하나의 개념 안에 있는 모든 개개의 요소들의 결합이어야 한다. 최후의 수단으로서 중요한 것은 형태와 감정의 화해이다.

Padualaan 101, Utrecht, The Netherland, Mecanoo

작품설명

| 디자인 컨셉 |

이 건물은 유트레히트 대학 내에 있는 경영 대학 건물이다. 전면에 드러나는 건물은 장방형 매스이며 전면어 커튼 월 유리로 마감되어 있고 내부에 개별적인 매스들이 독립적으로 서 있는 형태를 취하고 있다. 외관에서는 절제되어 있는 이미지를 주면서 내부는 자유로운 형태와 구조를 통해 다양한 공간구성을 보여주고 있다. 이 전면에 튀어나온 4개의 매스는 각각 다른 재료들로 표현됨으로써 각각의 특징을 드러내고 있다. 특히 빛에 의해 유리 매스가 인지되기도 하고, 내부의 매스들이 인지되면서 건물에 다양한 이미지를 보여주고 있다. 이 건물의 로비는 개별적으로 계획되었다기 보다는 매스와 매스사이에 존재하는 사이 공간들이 통합하여 전체적인 공공 공간을 형성하고 있다고 볼 수 있다.

첫 번째는 이 건물이 이른바 카스바 존에 있다고 하는 것이다. 카스바는 북부아프리카의 전통적인 특징을 지닌 형식으로 컴팩트하며, 저층에는 아름답고 잘 다듬어진 중정이 있다. 그것을 모델로 하여 이 건물은 3개의 중정을 지니는 저층의 3층 건물로 되어 있다. 두 번째의 포인트는 단순한 교육 시설 이상의 건물을 창조하고 싶다는 욕망이 존재하고 있었다. 그것은, 학생들이 마음 편하게 모일 수 있거나 식사하거나 마시거나 공부하거나 파티도 할 수 있도록 하고 싶은 생각에서 구성된 것이다. 세 번째는 한정된 예산으로 선택의 여지가 없었다는 것이다. 그러나 그것은 경제적인 문제가 보통 시시한 건물을 가져온다는 것을 말하려는 것이 아니다. 오히려 거꾸로, 그런 경제적인 문제가 풍부하고 특별한 분위기를 자아내는 놀라운

한편, 뒤쪽의 매스들은 전면의 유리 매스에서 뻗어 나와 있는 형태를 취하고 있는데, 4개의 매스는 각각 불규칙한 방향으로 뻗어 나와 연결되어 있다. 각각의 매스는 끝에 있는 것은 편 복도를 취하고, 나머지는 모두 중복도로 구성되어 있다. 특히 매스와 매스사이에는 3개의 사다리꼴 모양의 안뜰이 구성되어 있는데, '선의 뜰', '대나무의 뜰', '물의 뜰' 이라는 명칭을 가지고 있으며 상당히 동양적인 이미지를 제공하고 있다.

이 〈신 경제 경영학부동〉의 설계에는 3개의 포인트가 있었다. 우선

콘트라스트를 낳고 있다. 그것은 거침과 섬세함, 콘크리트와 나무, 복합성과 단순성 동의 대립이 일관되게 느껴진다는 것을 말한다.

University

이 건물은 대학 연구실과 강의실로 구성되어 있는 경영 대학 건물이다. 전면에 위치한 유리 매스의 1층에는 공공시설들이 들어서 있고, 기둥에 의해 올려진 상부 매스들은 대형 강의실과 계단강의실들이 들어서 있다. 그리고 그 뒤쪽에 들어선 매스들은 작은 규모의 연구실, 강의실들이 복도를 사이에 두고 배치되어 있고, 그 사이사이에 안뜰이 들어서 있다. 각각의 매스들은 서로 순환할 수 있도록 연결되어 있다.

| 동선순환체계 |

유트레히트 대학 내에 수공간 옆에 위치한 이 대학건물은 건물 앞뒤로 캠퍼스 도로를 끼고 서 있다. 전면에는 작은 잔디밭 광장이 있는데, 주 진입은 이곳을 지나 이루어진다. 전면의 넓은 유리 면은 1층 부분과 상층부분으로 구분되는데, 주 입구 계단강의실 매스 아래 부분에 위치하고 있다. 이곳을 들어서면 전체 유리 매스의 내부 공간을 한눈에 확인할 수 있고, 상부 매스에 진입하기 위해서는 곳곳의 계단과

| 구조 시스템 |

이 건물은 자유로운 매스들의 집합에 장방형의 유리매스가 이것들을 감싸고 있는 형태를 취하고 있다. 유리 매스는 S.P.G 공법으로 구성되어 있고, 각각의 매스는 목재, 흰색과 파란색의 메탈 등으로 마감되어 다양한 표정을 짓고 있다. 한편 뒤쪽에 뻗어 있는 매스들은 금속 루버가 전체 입면의 구성요소로서 작용해서 감싸고 있고 개구부는 부분적으로 열려 있어 다양한 입면 이미지를 제공하고 있다. 전체적으로

| 구조 시스템 |

- **공공공간**: 로비를 포함한 공공공간이 따로 구획되어 있지 않고 유리 매스의 1층 부분에 걸쳐 자유롭게 구성되어 있다.
- **계단 강의실**: 파란색의 매스로 구성되어 있고, 경사부분의 매스를 내부에서 그대로 드러내고 있다.

경사로를 이용해야 한다. 앞의 유리매스와 뒷편의 매스들은 그 사이에 긴 복도를 두어 서로 연결시키고 있다. 한편, 뒤쪽 4개의 매스는 서로서로 연결되어 동선이 순환되도록 계획되어 있다.

면으로 구성되어 있지만, 선적인 이미지 때문에 건물이 가볍고 날렵하게 인식된다.

- **안뜰**: 3개의 안뜰은 동양적인 소재들로 구성되어 있다.
- **연결복도**: 뒤쪽 매스를 서로 연결하고 있는 복도가 투명한 유리로 마감되어 내부 안뜰을 외부와 서로 시각적으로 공유하고 있고, 이 복도를 가볍게 처리하여 부유하고 있는 이미지를 제공한다.

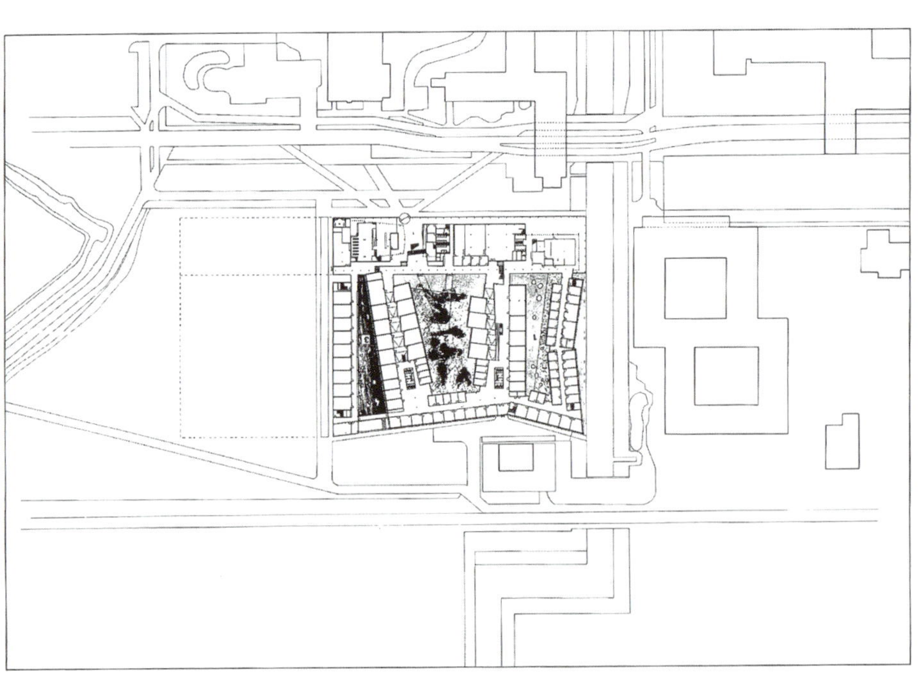

전체 배치도

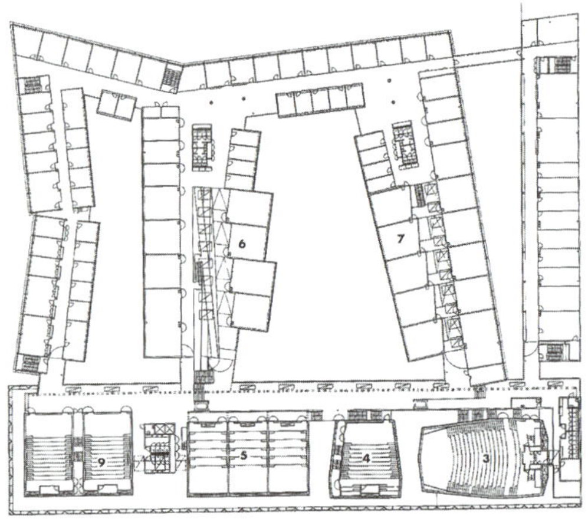

3층 평면도

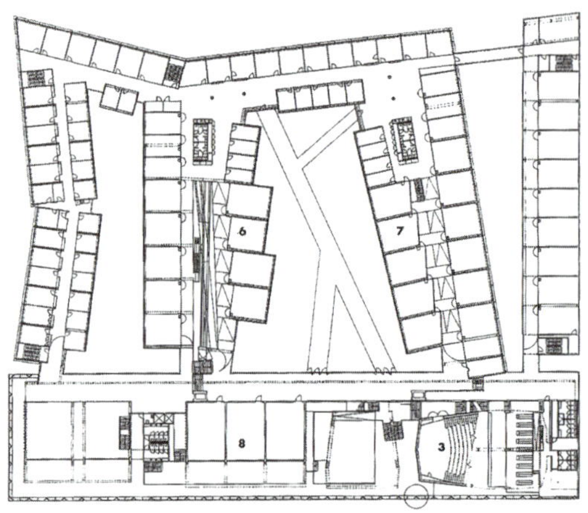

2층 평면도

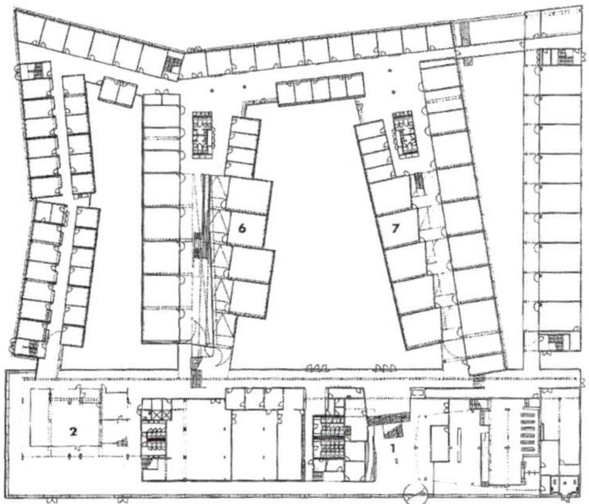

1층 평면도

1. 입부 및 안내소
2. 레스토랑
3. 강의실(400석)
4. 강의실(150석)
5. 강의실(90석)
6. 강의실(30석)
7. 강의실(30석)
8. 강의실(60석)
9. 강의실(120석)

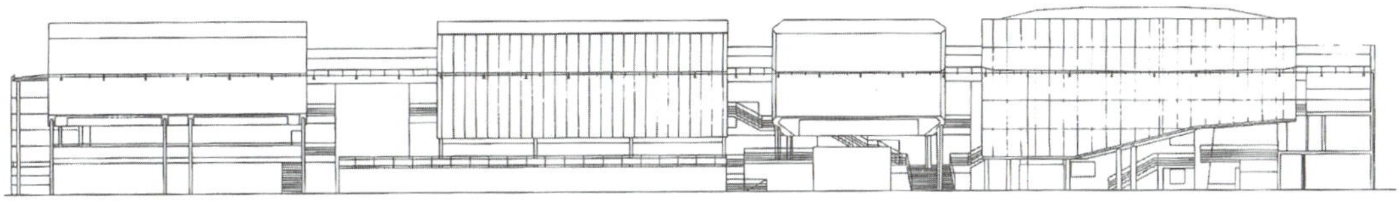

유리벽으로 둘러쌓인 입구 홀 부분 단면도

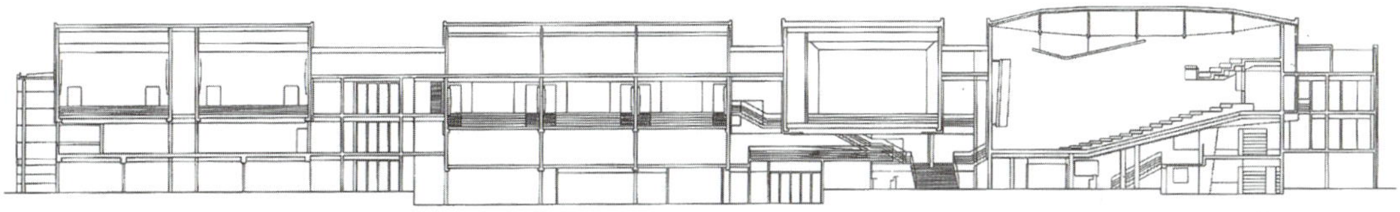

대회의실 부분 단면도

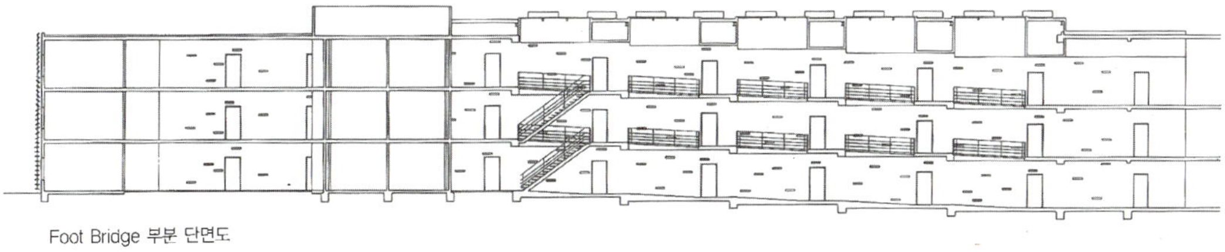

Foot Bridge 부분 단면도

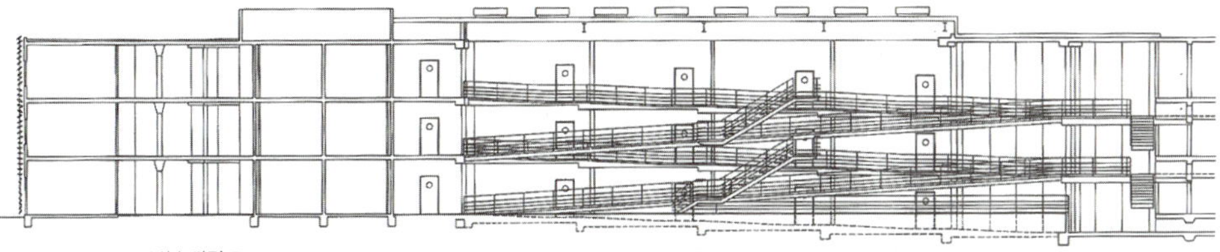

Foot Bridge 부분 단면도

에듀케토리움
Educatorium

Rem Koolhaas의 건축사고과정
: 도시 랜디스케이프를 향하여 Toward an Urban Landscape – Kenneth Frampton

건축과 도시계획이라는 직업 사이의 구별은 1950년대 말기에 이미 결정된 사실로 지난 40년 간 어떤 재고 없이 유지되어왔다. 이 권력의 분리는 자연스럽게 환경계획의 예술을 토지의 이용과 교통관리라는 가치 없는 응용과학으로 전락시켰다. 이러한 상황 아래 계획의 우세전략은 기호 논리학적이며 감독위주의 것이 되었다. 이러한 발전의 조짐은 1974년 로테르담 의회가 마침내 도시의 발전을 지금까지 이끌어 오고 있는 소위 "구조적 계획"으로 대체한 것으로 부터이다. 1945년 이후 그 계획은 유지되었으며 규칙적으로 업그레이드되어 왔다. 멜빈 웨버(Melvin Webber)의 "비 장소적 도시 영역(non-place urban realm)"이라는 계획에 의한 이것의 대체는 국도 체계의 확장을 통하여 투기를 예상한 매입에 대비하여 반환을 요구하는 것이며, 이전에 건물이 지어지지 않은 지역을 풀었을 때 아마도 그 지역의 경제적 발전은 극대화되었던 것 같다. 다른 곳과 마찬가지로 미국에서도 이런 하부 구조는 자동차와 석유사업체의 로비라는 직접적인 영향하에 연방정부의 장려금을 받았을 것이다. 미국에서 전후의 GL Bill과 주택 행정국(Federal Housing Administration)의 담보 규정은 즉시 이 광범위하며 이득이 되는 행동에 통합되었다. 이 정책은 철도 시설에 대한 친절이라는 가면을 쓴 무시와 존재하는 모든 일반적 공공 교통 수단을 제거하는 전략을 의식적으로 도입함으로써 더욱 가속화되었다. 이 정책은 공공 교통라인을 폐쇄할 목적으로 그것들의 비밀스런 매입을 고무시킴으로서 더욱 가속화되었다. General Motors는 로스앤젤레스에서 이러한 조작에 직접적으로 연결되어 있었는데 이것은 50년대 중반까지 광범위하고 매우 편리한 교외 철도 이동 시스템을 가지고 있었다. 이 네트워크는 폐쇄되었으며 철도에 의한 도로의 권한은 고속도로 시스템에나 적합하게 되었다. 이러한 정책들에 수반된 결과는 암암리에 미국 지방 도시의 파괴와 차로 접근하는 교외 슈퍼마켓의 동반 급증을 초래했다. 또한 이들 슈퍼마켓은 전통적인 미국 주도로의 경제적 파괴를 필연적으로 이끌었다. 40년의 감소 후, 이 과정은 우리가 현재의 초

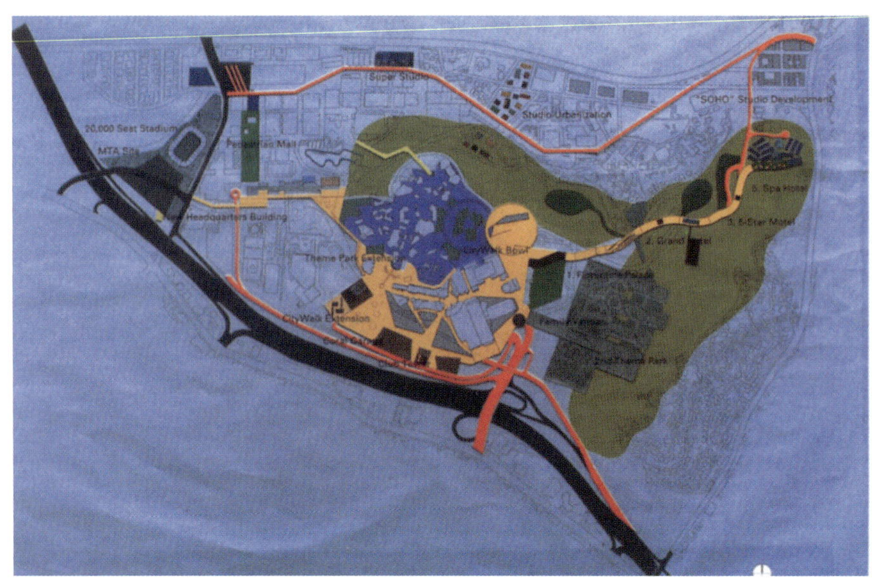

대형 수퍼마켓의 팽창으로부터 판단할 수 있듯이, 줄어들지 않고 있다. 이런 발전은 조금도 우연적으로 일어난 것이 아니다. 어째든 이것은 과거나 지금이나 통제를 철폐한 투기를 위한 토지 매입의 더 많은 이익과 협력하는 산업생산의 더욱 커다란 유니트를 유지하기 위해 고안되었다. 이 모든 것에서 미국에 있는 85%의 건물은 건축 전문가의 개입 −효과적으로 적용될 수 있는 계획을 하는 동안에는 불과 전체의 조작을 용이하게 하는 정도의 개입 −없이 실현되었다는 것을 우리는 기억해야한다.

이것은 스페인의 경우와 현저하게 대조되는데, 그곳에서는 현재까지도 모든 건물은 건축가에 의해 설계되도록 법으로 규정되어 있다. 시장이 점진적으로 세계화되고 자본이 더욱 유동화 되면서 다국적 시장 시스템은 자기 자신을 전 세계 어디에나 있는 거대도시에 퍼뜨리고 있다. 이 모든 것들이 잘 알려진 동안 건축과 도시계획의 전문가들은 오로지 그들 없이 진행하기에는 힘든 세계적 건물 프로세스 속으로 자신들을 재통합하려고 시도하는 부럽지 않은 과업에 아직도 직면해 있다. 요즈음의 규제 철폐 실행에 있어 유럽과 다른 곳에서 동일한 방법으로 정부 정책을 만드는 것을 가장 최고의 단계로 여기고 있고 소위 "팩키지 거래(Package-

2

3

에듀케토리움

deal)"라 불리는 접근법을 통해, 그 결과물을 합리화하고 독립화하려는 건설산업의 추진과 함께 만일 우리가 이것이 거대화된 다국적 자본의 이익의 증거가 아니라고 생각한다면, 우리는 우리 자신을 속이고 있는 것이다. 그러므로, 우리는 과거 70년대 말에 미국내 독점 금지법에 의한 미국내 건축가의 명예훼손과 현재 건축가라는 명칭의 보호받는 위상에 해를 끼치는 유럽건축 산업의 요즈음의 시도를 연결해 볼 수 있다. 이 운동의 목적은 명백하다. 즉, 전문직에 의한 자유시장 발전의 극대화된 추진으로부터 오는 결정적인 저항의 어떠한 흔적도 처리하기 위해 건축가들은 여전히 15-25%가 명백히 대부분의 건물개발업자가 기꺼이 감내 할만한 비율보다 많은 중요한 공공의 작업에 여전히 개입하고 있을지도 모른다. 오늘날 개인의 자본으로 공공의 작업 비용을 모으는 경향은 명백히 건축가의 결정적인 통찰력보다 개발업자의 이윤을 쫓아간다. 이러한 경향은 드러내놓고 인식하는 것이 필요하다. 왜냐하면, 우리는 거대도시의 문화적, 생태학적 어려움을 최고의 권력 시스템이 만든 의식적, 정치적, 관념적 결정의 직접적 결과가 아니라는 생각으로 너무나 쉽게 우리 자신을 속이기 때문이다. 이것을 위하여 대중적인 인민주의자라고는 말하지 않지만 소비자 중심주의자의 기호와 세계의 관점은 어떠한 종류에 있어 더욱 합리적인 대지의 정착과는 거리가 멀다는 역설적이고 비극적인 사실을 더해야만 한다.

이것은 겉으로 보기에, 인간이 원하는 것은 이미 제공되었다고 확신하는 것에 최선을 다하는 룸펜 주거건축사업에 의해 부분적으로 적대감이 나타나며 특히 거주 단위가 인접하여 계획된 유니트 개발의 어떠한 형태의 담보금도 허용치 않는 경향의 은행에 대해 거의 광범위한 자발적인 적대감을 불러일으킨 것으로 보인다. 1960년대 초기 세르게이 체르마이에프(Serge Chermayeff)와 크리스토퍼 알렉산더(Christopher Alexander)에 의해 제안된 중재적인 단지 정착 모델의 운명이 이를 증명한다. 나는 주로 잊혀진 1963년의 커뮤니티와 프라이버시라는 연구를(Joint Study)를 언급하겠다. 이 연구의 일반적인 예측은 시민 센터로서의 도시의 중심은 행정적 편의성과 쇼핑의 양 관점에서 분산화 될 것이

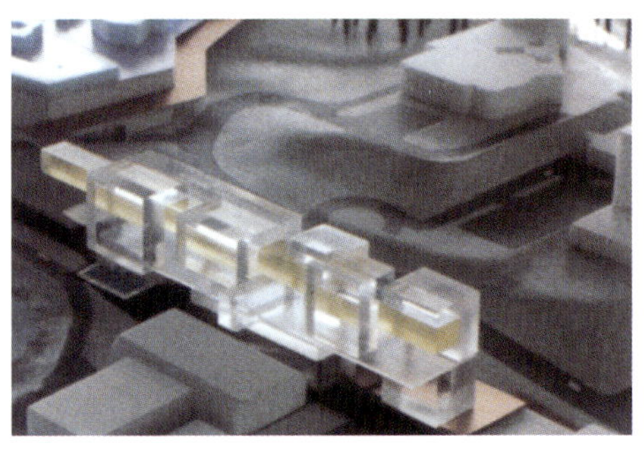

4

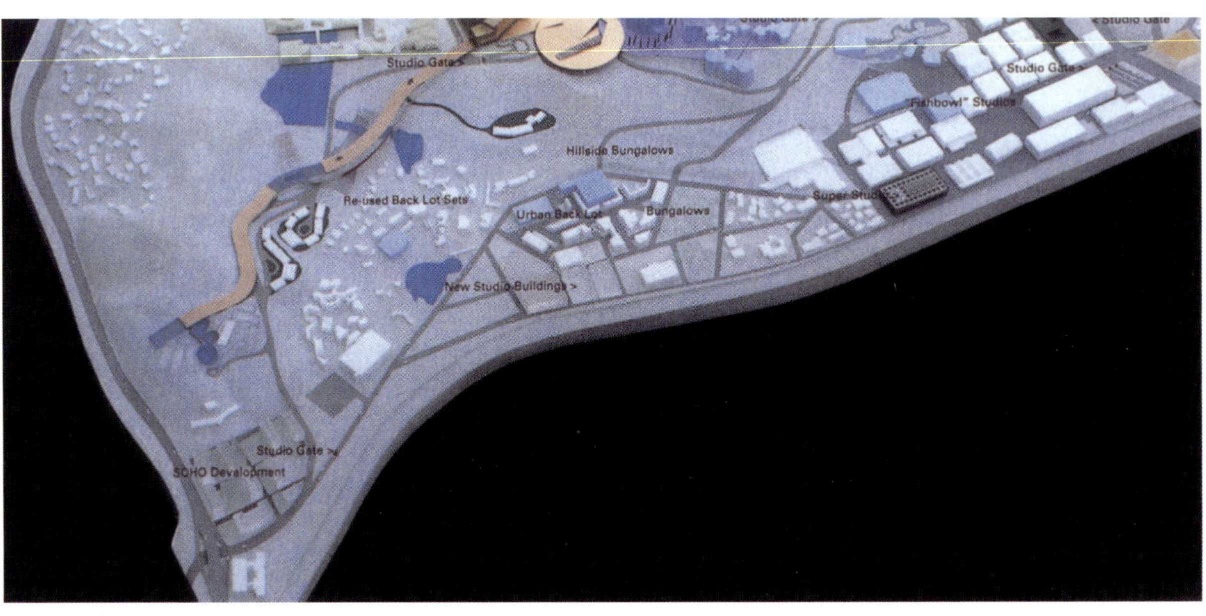

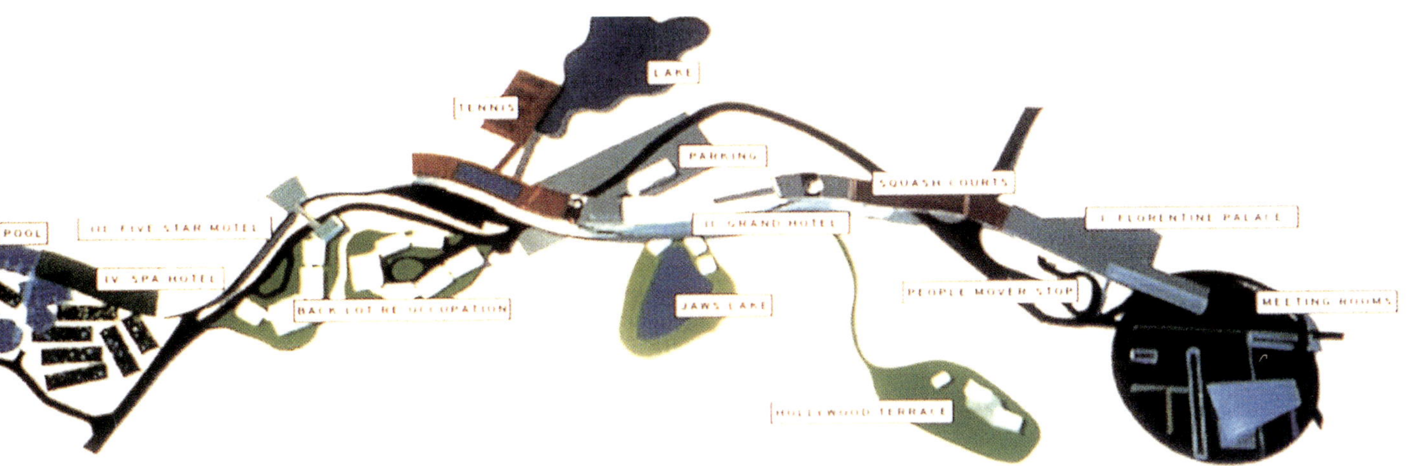

6

라는 것이었다. 저자는 쇼핑도로로서의 주도로는 도시 외곽에 빠른 이동체계가 연계되어 있는 교외의 쇼핑센터에 자리를 내주었다는 것을 알아차렸다. 결과적으로 체르마이에프(Chermayeff)와 알렉산더(Alexander)는 다음과 같이 논쟁했다.

즉, 시골의 교외 주택지는 실패했다. 왜냐하면 밀도도 충분치 않고 조직도 잘 되지 않기 때문이다. 개발된 한 구획의 깨끗한 선상에 떨어져 있는 돌과 같이 셀 수 없이 흩어져 있는 주택들은 질서를 창조하지 않거나 커뮤니티를 생성하지 않았다. 이웃은 낯설었고 진정한 친구들은 대부분 멀리 떨어져 있었다. 남편들은 먼 거리 통근으로부터 고통을 받았고 아내들은 차를 쓸 수 없거나 무보수 운전사 혹은 TV 앞에 앉아 있는 갇힌 관중일 뿐이었다. 이 모든 것들은 물론 오늘날 주목할 필요가 없을 정도로 익숙한 것이지만 체르마이예프(Chermayeff)와 알렉산더(Alexander)의 이 설정에 대한 비판적 반응이 오늘날 사람들에게는 낯설게 느껴질 정도로 30년전 그들의 설정은 덜 익숙한 것이었다.

커뮤니티와 프라이버시는 교외 단지 정책에 대한 저층 ,고밀도의 교외 주택에 기반을 둔 새로운 규정을 제안했다. 널리 시도되지 않은 현재, 단지 차량 접근과 교외 개발로 존재할 수 있는 형태의 공헌은 다음과 같다.:

(1) 단위 안팎의 완벽한 사생활의 보장
(2) 상호 대응하는 공용공간설비와 함께 모든 주거지로의 효과적인 차와 서비스의 접근설비
(3) 서비스 부대 시설의 자동적인 경제적 조직
(4) 경제적이고 생태학적인 대지 사용의 견고한 발전 패턴. 그에 의한 토지 점유의 최소화, 기반시설투자 등

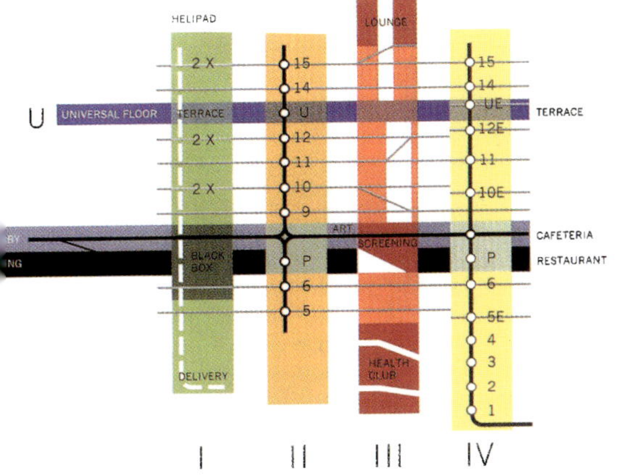

7   8

에듀케토리움

내 견해로는 이 합리적 교외개발 모델이 남아 있는 반면, 사실상 지난 30여년 간 별 영향을 끼치지 않았다고 생각한다. 그러므로 우리가 모토피안(motopian)의 발전에 대한 존속 가능한 대안적 모델을 인식한다 해도 이것은 대부분 경제학적, 정치적, 이론적인 이유로 대부분 무시된다. 우리는 생태학적으로 단지 정착의 합리적인 형태를 고안하는 것이 불가능한 듯 보이는 시대에 살고 있다.

커뮤니티와 프라이버시(Community and Privacy)는 공상적이고 혁명적인 제안으로 내쫓길 수 없다. 이것은 과거에도 현재에도 기술적이고 사회경제적인 상황을 잘 표현한 대답이다. 우리가 단순히 적절한 단지 정착 형태를 찾고 적용하는 것에 의해 도시화된 지역의 어려움을 줄일 수는 없다고 처음으로 인정할지라도, 팽창된 거대 도시의 기능 장애에 따른 낭비뿐인 규모는 우리가 렘 쿨하스의 릴(Lille)에 위치한 거대도시의 최근 제안에서 찾을수 있는 새로운 규모와 새로운 외관에서 보이는 부활된 아방가르드적인 전략의 가설적인 적용을 통해서나 새로운 미적 기준을 개발하는 것을 통하여, 적당한 대답을 할 수 없다는 것을 인식하는 것이 중요하다.

이것 이상으로 어떤 사람이 합리적으로 아마도 자연발생적인 모토피안(motopian)의 도시 속의 중요한 간섭을 상상하거나 제안할 수 있겠는가? 이 복잡한 문제에 대답하기 전에 다소 수사적인 질문인 아래의 잠정적인 논쟁과 비평을 먼저 가정하고 싶다.

건축가들은 적어도 지난 60여 년간 역사적 사실성과 타협하려 시도해 왔다. 그러므로 이 위기가 새로운 것이라든가 적절한 형태가 생각되지 못한 채로 지속되어 왔다고 주장할 수 없다. 혹자는 로버트 모제스(Robert Moses)의 도심지역으로의 주차시설 시스템(Parkway system)의 확장이나 르 꼬르뷔제의 7가지 루트의 전략(seven route strategy), 특별히 이것은 마르세이유의 시골과 그의 1952년의 유니테 타비타시옹(Unite d'habitation)의 주변지역을 재배치하는 수단으로 미완성의 지하도로(the rhizome avant la lettre)를 생각한다. 혹자는 알리슨과 피터 스미슨(Alison and Peter Smithson)의 〈런던의 도로 연구〉와 "토지 성곽(land castle)"과 "메트 빌딩(mat-building)"의 개념 그리고 피터 랜드(Peter Land)의 페루 리마(Lima) 외곽지역의 〈프레비(Previ) 생성구역〉을 생각한다.

1963년 스위스 국제 전시회에서 악션 쉬바이츠(Aktion Schweiz)의 운동은 런던 주변을 위한 선형도심 제안의 개념으로서 제 3세계의 소위 주택부족을 위한 존 터너(John Turner)의 정책을 생각하게 한다. 혹자는 독 시아디스(Doxiades)의 방향성 있는 선형의 도시 개발인 "다이나폴리스(Dynapolis)" 모델과 섀드락 우즈(Shadrach Woods)의 팜플렛 〈What U can do〉를 생각한다. 우즈(Woods)는 10년 더 일찍 쓰여진 텍스트

"

를 인용하면서 그의 짧은 팜플렛을 다음과 같이 시작하고 있다.

> "도시계획(Urbanism)과 건축은 계속적인 과정의 일부이다. 도시를 계획하는 것은 인간 활동과 상호 작용하는 것이다. 건축은 이런 행동들의 주거지이다. 도시는 건축이 시작될 때까지 추상적인 채로 남아 있게 된다."

그는 1970년에 합리적인 복지 상태에 대한 앞으로의 방향에 대해 명백한 호소를 하며 다음과 같이 끝낸다.:

> "도시설계자와 건축가들에게 더욱 건강한 미래란 우리가 진부하게 짓고있는 고 에너지 소비 계획에다가 다른 한편으로는 서커스 연기 같은 광고 전단 같은 건물들에 대한 그 모든 화려한 아이디어를 마침내 없애 버릴 수 있다는 것을 의미한다. 그러나 또다른 한편으로는 그것의 거대한 낭비의 잠재성과 팽창된 공급라인과 함께 극 저밀도 개발도 다시 고려해야만 한다는 것을 의미한다. 우리는 낭비에 의해 산출된 부는 부정한 것이며 양날선 검과 같이 독이든 선물이라는 것을 발견하며 낭비가 사치를 생산하던 시기의 유용한 종말까지 마침내 도달했다. 예를 들면, 건축가와 도시계획가들은 그들의 계획을 만들고 그것들을 자본주의적인 고려만을 하기보다는 경제적인 측면에서 발전시킬 것이다. 단순히 정치적 기회주의의 측면만이 아닌 아마도 합리적인 측면을 기초로 결정할 것이다."

이성은 대량의 재건축에 뒤따르는 대량의 황폐가 아닌, 모든 측면에서 환경의 계속적인 부흥을 지시할 것이다. 이런 도전적인 말들이 본격적으로 글로 만들어지면서 〈커뮤니티와 프라이버시 (Community and Privacy)〉와 함께 4반세기가 지나갔고 우리는 더 이상 나아가지 않는다. 규칙적으로 편향된 시대착오적인 메아리를 예로 들어, 우리가 할지도 몰랐을 것에 반대하는 입장에 서 있는 듯이 보이는 아래의 12가지 평가와 우즈(Woods)의 호소에 대답하겠다.

1. 메가로폴리스(Megalopolis)의 디스토피아는 이미 되돌릴 수 없는 역사적 사실이다: 이것이 시작된 이래로 오래 새로운 생활을 누려왔지만 새로운 자연에 대한 이야기는 아니다.

2. 도시화의 폭발이나 내부적 폭발의 규모는 개인이 어찌 보느냐에 따라 인류의 역사에선 행하는 일이 없다. 무슨 일이 일어나든 간

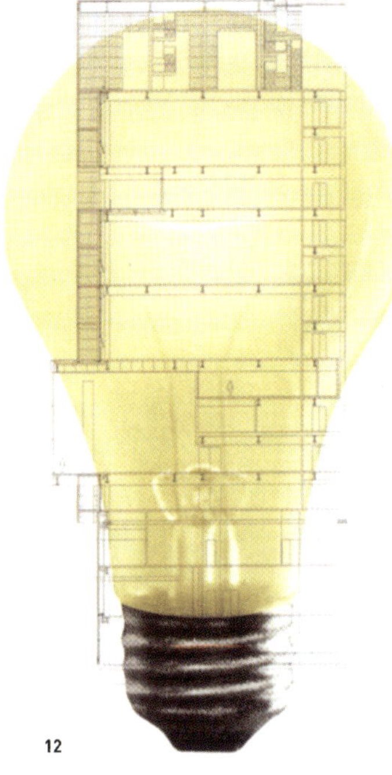

12

11

13

에듀케토리움

에 이것은 전통 도시와는 관계가 없다.

3. 60년대 이탈리아의 텐덴차(tendenza) 운동에 의해 진보된 고전적 도시로서 재건하려는 시도는 알도 로시의 「도시의 건축(The architecture of city)」이나 레온 크리에(Leon Krier)의 "합리주의 건축(Rationale Architecture)"에서 재현되었는데 그것은 다소 제한된 적용으로 남아있다. 크리에(Krier)의 〈Pondbury New Town 계획안〉의 최근 운명은 영국의 찰스 황태자(Prince of Wales)의 스폰서를 받고 있는데, 거기에는 현대의 자동차 접근에 의한 교통 전환 사이클(traffic turning circle)이 요구된다. 그것은 크리에(Krier)가 폐합성(encloser)으로 되돌아가려는 시도와 18세기 거리의 그리드 스케일(grid scale)로 돌아가려는 것을 방해한다.

4. 고전적 중심도시는 생활의 요소로서 여전히 존재하지만 그것은 점차 일종의 테마 파크로 변환될 미묘한 경향에 의해 위협받고 있다. 고전도시 중심지의 보행자화는 60년대 초기로 돌아가려는 정책인데 이런 경향의 첫 번째 징후이다.

5. 공중에서 거대도시를 보면 준 질서적이며 생물학적인 특징의 총합으로 나타난다. 심지어 이것은 땅에서는 변화가 없어 알아차리기 힘든 것이다.

6. 질서화되었든 아니든 그러한 원경은 새로운 성격의 거대도시에 대한 우리의 인식을 높여준다. 이것은 새로운 종류의, 즉 중재적인 힘으로서 위에서 강조했던 난관을 극복할 수 있으며 전원취미를 불러일으키는 어떤 비평으로 이끈다. 동시에 그들은 유래 없는 거대도시의 최근의 일련의 구축적인 잠재성을 깨닫고자 한다. 이는 피터 로우(Peter Rowe)의 「중간 랜디스케이프 만들기(Making a Middle Landscape)」란 책에서 나왔던 논쟁으로 보인다. 로우(Rowe)는 그러한 도시외적인 협력을 케빈 로쉬(Kevin Roche)의 〈General Foods〉나 그의

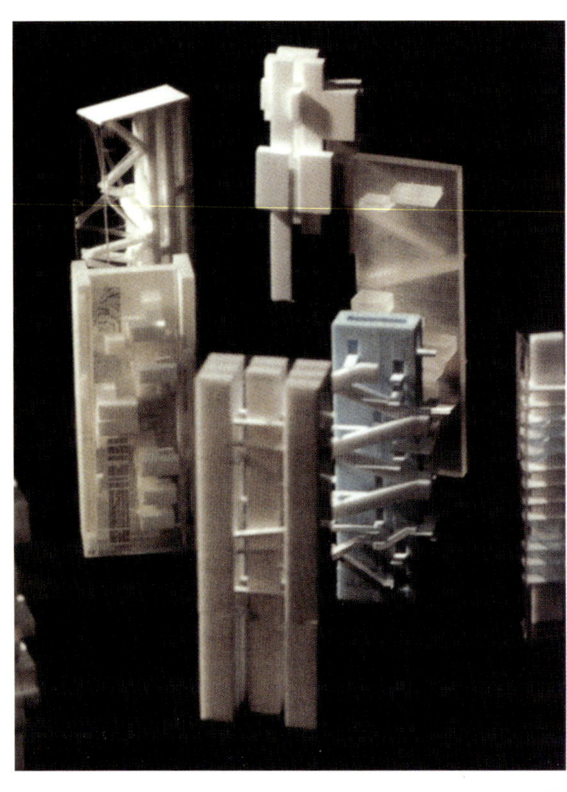
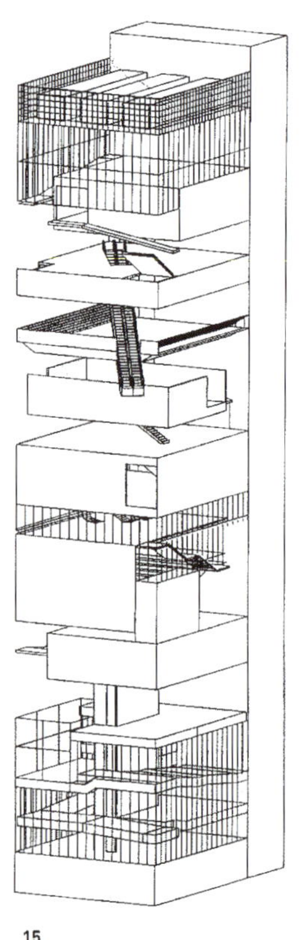
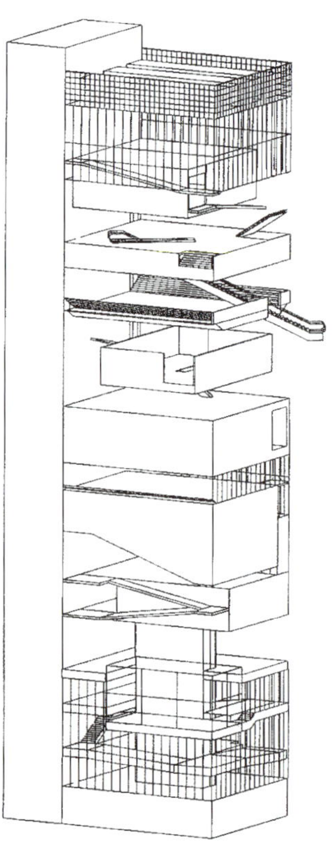

〈Union Carbide Headquaters〉로 생각하는데, 이것은 〈지역정원〉의 창조를 위한 기회이다. 그러한 랜디스케이프가 필연적으로 사회에 주는 이점이 다소 불명확하게 남아 있다 할지라도 그렇다.

7. 그러나 두 개의 현저한 요소들이 로우(Rowe)의 논문에서 나온다. 첫째는 이제는 우선순위가, 자유롭게 서있는 건물 형태라기보다는 랜디스케이프에 있어야 하며, 두 번째는 쇼핑몰이나 주차장이나 주차빌딩 같은 거대도시 형태를 랜디스케이프화 된 형태로 바꾸어야 한다는 긴급한 요구가 있다.

8. 이들 새로운 형태들은 도시화된 구역에서 새로운 용도를 발견해야하는 긴급한 요구와 함께, 미래 디자인의 중재의 초점이 되기 쉽다. 그것은 후기 산업사회의 쓸모 없고 19세기, 20세기 초의 공장들에 의해 "상처받은 조직"이 남아 있기 때문이다. 그러나 이런 모든 개발계획이나 조정은 명백히 엄격한 경제적 제재라는 주제로 남아 있을 것이다.

9. 받아들여진 부동산 양도과정은 거의 모든 미래의 도시계획에서 제한으로 남는 것 같다. 이런 경제적 패러다임은 총체적인 상품화로 향하는 세계적인 경향과 밀접한 관계가 있다. 벤츄리와 같은 장식경향의 모델은 상품화 도구로 남아 있다. 장식이 역사적인 모방으로 바뀐다거나 네오 아방가르드의 해체적인 것으로 바뀌거나 상관없이 그러하다. 우리는 또한 다음에 대해서도 언급해야 한다. 회사가 구상적인 랜디스케이프를 만드는데 투자할 준비가 되어 있는 반면 이는 투기적인 시장이 동등하고 책임감있게 행동할 것이라는 사실과는 다른 것이다.

10. 어떤 방식으로든 도시들은 계속해서 건설되어왔고 사람들은 거대도시들이 달라질 것이라고 기대할 수 없다. 건물들은 동일한 방식으로 지어진다. 도시들이 축적되어 그것이 확장될 때 일회적인 건물 프로세스는 중단된다. 건축가로서 우리는 미래의 도시 중재, 즉 주어진 투자 때문에 광범위한 촉매효과를 가지고 있는 방식의 도시중재를 알아야 한다. 그들의 "개방적" 성격은 필요에 따라 "폐쇄적"이 될 수도 있다.

11. 우리에게 남아 있는 힘이 무엇이든 그것은 우리의 도덕적 책임감이다. 즉, 우리의 능력을 거대도시의 "신진대사적인 틈새(metabolic interstices)" 안에 있는 지형학적 단편에서 모은 도시 구조(fabric)를 발생시키는데 사용해야 하는 것이다.

에듀케토리움

12. 우리는 최근 자본가들의 개발로 인한 비규칙적인 자유시장의 충격에 의해 속아서는 안 된다. 우리는 그러한 준비(provision)의 환원적 목표를 과소 평가해서는 안되며 그것은 당연히 표면적인 문화의 총체로 가장하려고 하기 때문이다. 동시에 우리는 기회들에 반응하는 것외에 선택의 여지가 없다. 그 기회는 현재 상황 속에서부터 나오는 중요한 카운터를 만들기 위해 일어난다. 1992년 〈바르셀로나 회의〉에서 주어졌던 주제인 "아토피(atopi-)"나 "디스토피아(Distopia)"에 관한 최근 강연에서 이탈리아 건축가인 비토리오 그레고티(Vittorio Gregotti)는 오늘날의 국제주의는 막연한 재정적 보고서에 근거하며, 또한 과학적, 기술적 정보의 교환이나 그들 자신의 규칙을 가지고 있는 대중매체의 형태에 근거함을 확인시켜주었다. 이러한 상황 속에서 모든 것이 가능하며 주관성은 약화된다. 이것은 건축의 부정적인 결과로 보인다. 그레고티(Gregotti)는 다음과 같이 기술하고 있다.

"예술이라는 분야에서 생산되는 흥미로운 일들이 증가함에 따른 상대적인 다양함은 순수한 차이점을 만드는데 방해가 되는 것 같이 보이며, 통합된 대중매체의 시장의 균질성 때문에 그러한 것들이 이끌어진다. 대중매체는 차별화되지 않은 글들의 계속적인 창조를 요구한다."

"흥미로운" 것들의 증가는 순수한 차별성을 만드는 것을 어렵게 만든다는 토론 이후 그는 아토피시티(atopicity)의 성격에 대해 다음과 같이 지적했다.

"아토피시티(atopicity)가 세계의 상호의존의 메카니즘의 필연적인 징후로 해석될 수 있다는 것에 의심의 여지가 없고 그것은 문화적, 정치적, 경제적 구조를 가지며 아직 발견되지는 않았지만 건축의 영역에서 의미론적인 공간 조직의 징후이기도 하다."

"이것은 상호의존적인데 여전히 통제와 지배를 포함하는 것으로 보이며 현재의 커뮤니티가 그들의 전통적 가치를 최대한 표현하는 통합의 과정을 확인하려는 시도에 반대하는 것처럼 보인다. 이러한 아토피시티(atopicity)는 사회계급간의

경제적 차이의 냉혹한 착취에 의해 여전히 만연해 있다. 이러한 관계에 의한 방향성 대신에 상호의사소통 가능한 대중의 행동으로 바꿀 수 있을까? 이것은 아마도 순진한 낙관적 해석이겠지만 절실한 필요성에 의해 이야기되는 것이며 적어도 가정되어진 파괴적인 아토피시티(atopicity)가 건축의 영역으로 전환될 수 있을 것이다. 그것은 결속체의 대화를 이끌며 컨텍스트를 고려하게 한다."

이러한 지각 있는 요청은 우리가 우리의 난해한 이론에 대한 다소 사려 깊지 못한 굴복을 다시 생각케 한다. 그 이론은 알 수 있는 실제적이거나 도덕적인 적용을 가지고 있지 않다. 다소 직접적으로 문학이나 철학에서 나온 듯한 이론적인 논의가 필연적으로 도시구조를 디자인하는데 적용되었다고 가정할 필요는 없다. 나는 인간이 만든 세계가 파괴적으로 지금 진행되고 있는 것과 관련되어 핵심적이고 보완하는 기능을 할 수 있는 가선적인 랜디스케이프를 이해하는 것이 필요하다고 말하려 한다. 건축은 모든 가능성의 감각에서의 생태학적인 가정을 해야 한다. 그래서 우리는 도교의 가르침 "행동하지 않음으로서의 행위(acting by not acting)"를 장려해야 한다. 즉, 그것은 적절한 미니멀리즘을 말하는 것이 아니다. 단조로움에의 수련(cultivation of quiet)을 추구해야한다는 것이다. 이것은 분명히 예술이라는 이름으로, 대중매체의 힘으로, 전문가 집단의 경쟁에 의한 과다함에 의한 행동보다 나은 결과이다. 이와 동일하게, 우리는 단편화된 도시의 기본적인 재료(material)로서 랜디스케이프의 형태는 독립적으로 서있는 아름다운 건물보다 나은 결과라는 결론을 내렸다.

Educatorium

Leuvenlaan 19, Utrecht, The Netherland, Rem Koolhass

작품설명

| 디자인 컨셉 |

이 건물은 유트레히트 대학 내에 있는 교육시설 건물이다. 건축가 렘 쿨하스의 작품으로 그의 건축언어를 그대로 볼 수 있는 작품이다. 건물의 입면에 드러난 경사진 슬라브로 지붕으로 일체화되는 구조는 건물이 가장 큰 특징으로 작용하고 있고, 그 사이를 막고 있는 유리 마감은 더욱 그 형태를 강조하고 있다. 층 구분을 모호하게 하는 그의 건축에서 슬라브는 대지의 연속된 개념으로 사용되면서, 자연스럽게 건물과 통합되고 있다. 이 건물은 경사로를 이용하여 단순히 수직동선만 해결하는 것이 아니라, 공간의 체험과 학생들의 모임장소로 계획하여 건물에서 중요한 공간 요소로서 작용하고 있다.

| 프로그램 |

이 건물은 기존의 대학 건물들과 서로 연결되면서 학생 센터로서의 역할을 수행하도록 계획되었다. 건물명은 Education+torium의 합성어로 교육장이라는 의미를 가지고 있는데, 2개의 공연 홀과 3개의 시험장, 그리고 강의실, 퍼포먼스 홀, 식당 등으로 구성되어 있다. 캠퍼스 내에 학생들의 중심 공간으로 역할을 수행할 수 있는 프로그램을 갖추면서 캠퍼스의 활기를 불러일으키는 건물로서 작용하고 있다. 1층은 로비와 홀로 쓰이고, 아래층은 식당, 그리고 윗 층은 두 개의 공연 홀 매스가 2개 층에 걸쳐 3층까지 차지하고 있다. 코어를 마주하는 반대편에는 강의실과 시험장 등이 배치되어 있다.

| 동선순환체계 |

유트레히트 대학 내에 있는 이 건물은 캠퍼스 주 도로 변에 위치하고 있어 한눈에 들어온다. 건물의 입구는 유리 입면에서 경사진 슬라브 사이로 움푹 들어간 부분으로, 강한 흡입을 하도록 시선을 유도하고 있다. 주 홀입구에 들어서면 넓은 홀을 경험할 수 있는데, 특이한 점은 이곳이 모두 평지가 아니고 자연스런 경사로를 형성해서 상, 하층을 이동하도록 계획되어 있다. 아래쪽 슬라브로 걸어가면 큰 레스토랑으로 갈 수 있고, 상층으로 올라가면 2개의 공연 홀을 만나게 된다. 하나는 곡면을 이루고 있고 다른 하나는 직사각형의 형태를 취하고 있다. 계단을 통해 공연장 끝인 3층으로 오르면 작은 홀이 나오는데, 외부에서 인식했던 슬라브와 천장이 서로 만나서 연결되는 부분으로서 곡선 처리된 것이 새로운 공간을 느끼게 한다. 또한 각 공연장의 영사실은 한쪽은 유리벽, 다른 하나는 달걀형태로 디자인해서 공간 내 오브제로서 작용하고 있다. 한편 2층에서 다른 쪽을 계단으로 오르면 큰 시험장 3곳을 만나게 된다. 이곳은 큰 공간적 체험은 없지만, 색다른 점은 동선이 단편적이지않다는 것이다. 선택적 동선을 제공하고 있는데, 처음 이용하는 학생들에게는 다소 혼란스런 느낌을 줄 수도 있지만, 다양한 공간을 선택적으로 이용하고 경험할 수 있다. 가장 큰 특징 중 하나가, 한 장소를 가기 위한 동선이 선택적이라는 것이다.

| 구조 시스템 |

이 건물은 기둥과 슬라브로 구성된 형태에, 입면은 유리로 마감되어 있다. 전체적으로 노출 콘크리트로 구성되어 있고 내부마감은 부분적으로 목재와 유리를 사용하였고, 구조적으로 철골 부재가 사용되었다. 전체적으로 슬라브가 층으로 구분되고 있지 않기 때문에 입면에서 보면 슬라브는 연속된 띠로서 나타나고 있고, 이것이 이 건물의 형태적 특징을 보여주는 것이다.

| 주요 디테일 |

- **공공공간**: 로비 공간은 기울어진 슬라브들로 구성되어 잠시 머무는 공간뿐아니라 수직으로 이동하는 동선을 함께 해결하고 있다.

- **공연홀 로비**: 3면이 모두 연속된 나무로 마감되어 공간이 하나로 흐르고 있고, 영사실의 매스는 공간에 오브제로서 작용한다.

- **옥상**: 연속된 슬라브의 옥상에는 정원이 꾸며져 있다.

- **식당**: 외관에서 연속된 슬라브 밑에 있는 사선의 유리매스부분이 식당으로서 상당한 규모로 계획되어 있고, 경사진 슬라브를 그대로 체험할 수 있는 공간이다. 이곳 또한 선택적으로 접근할 수 있도록 동선이 1층과 2층에서 바로 진입할 수 있다.

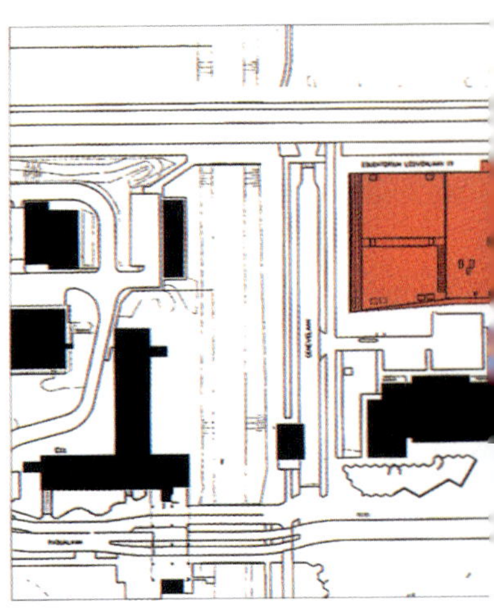

진체 배치도

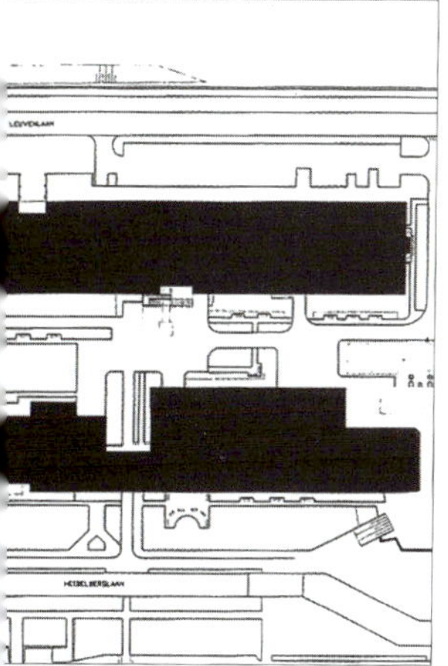
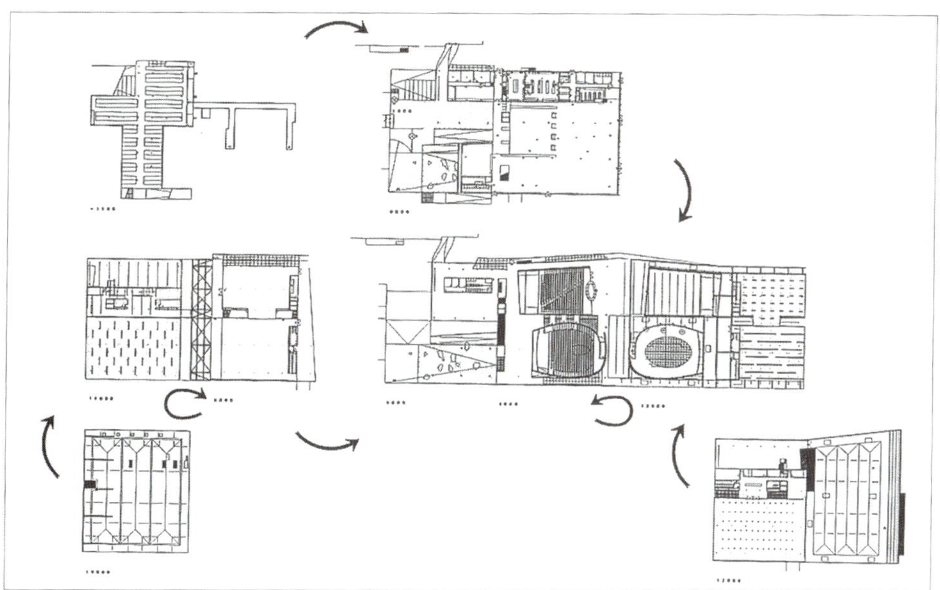

평면 및 다이아그램

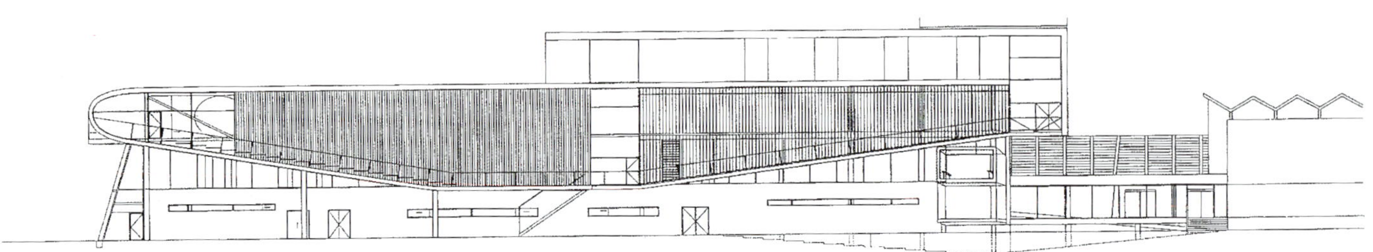

남측 입면도

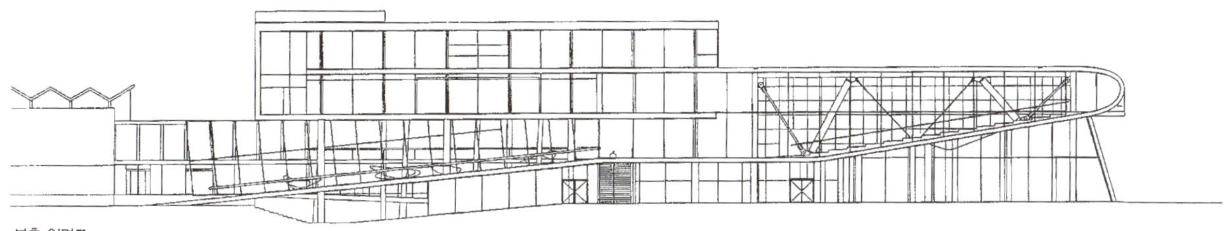

북축 입면도

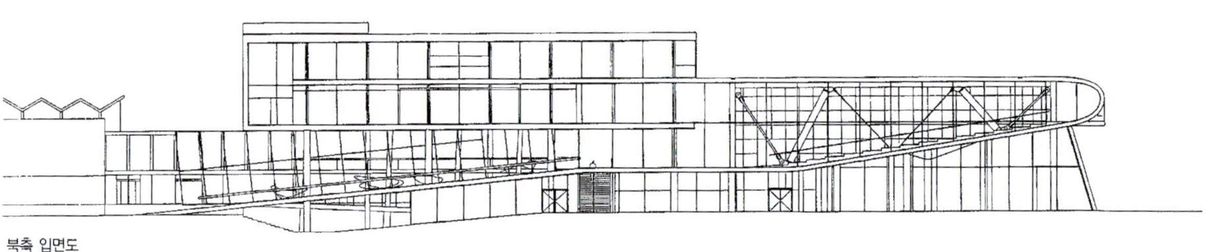

북축 입면도

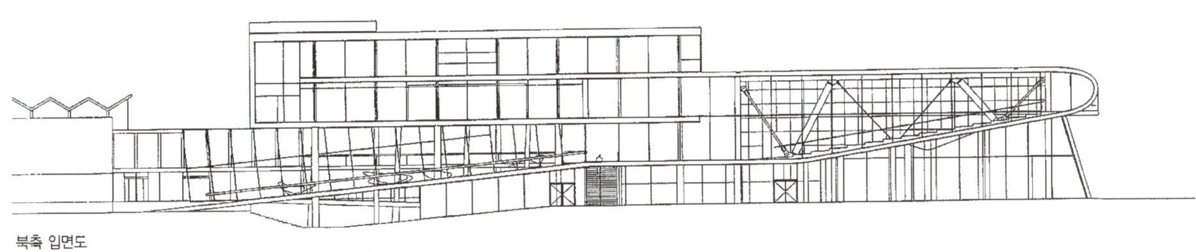

북측 입면도

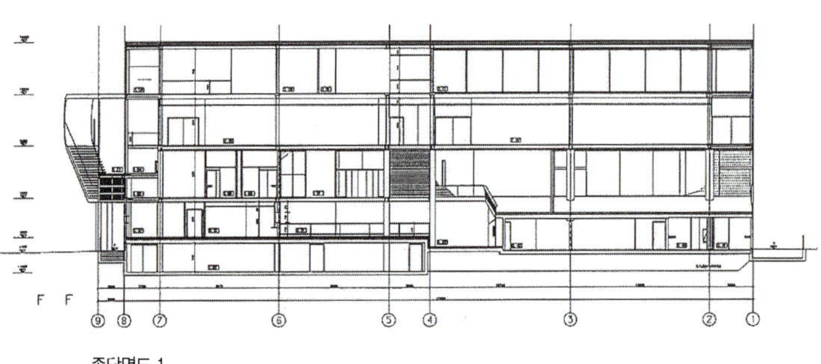

종단면도 1

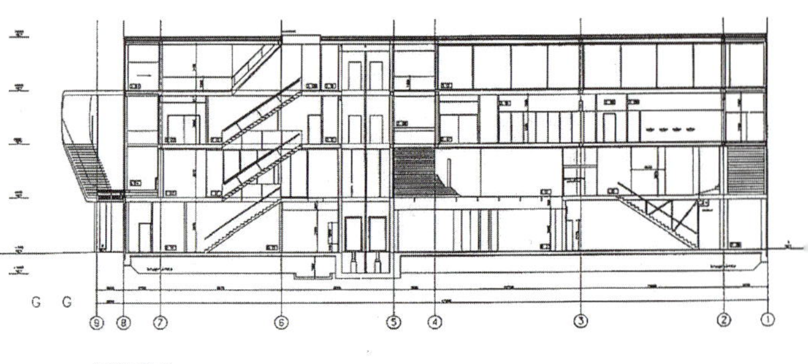

종단면도 2

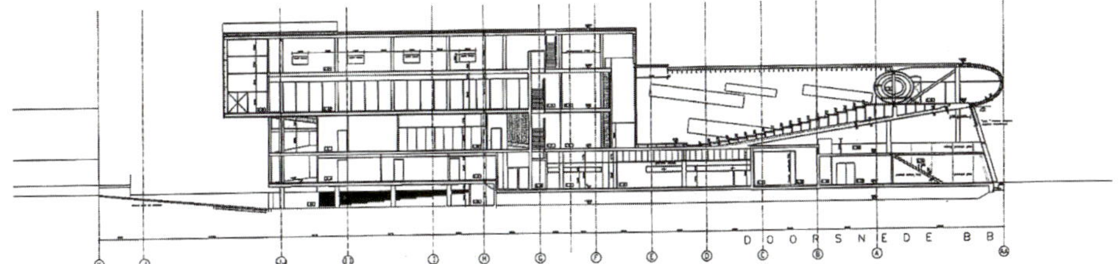

횡단면도

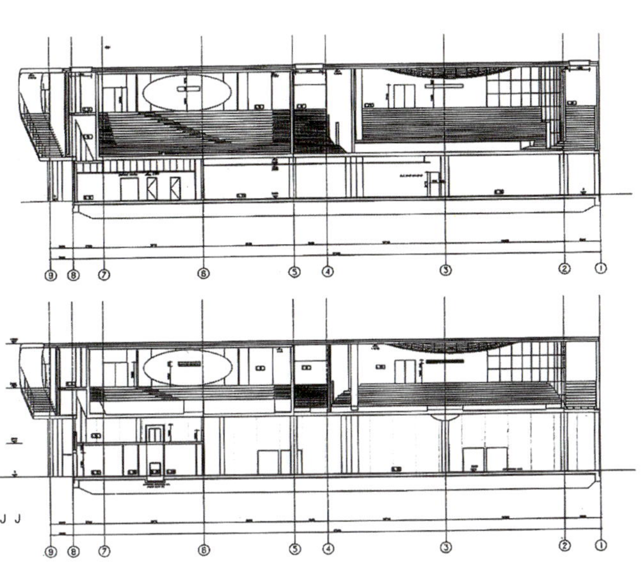

오디토리엄 부분 단면도

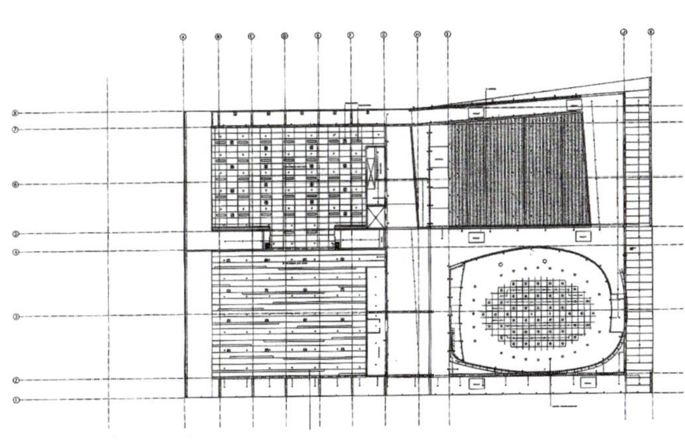

2층 천정도

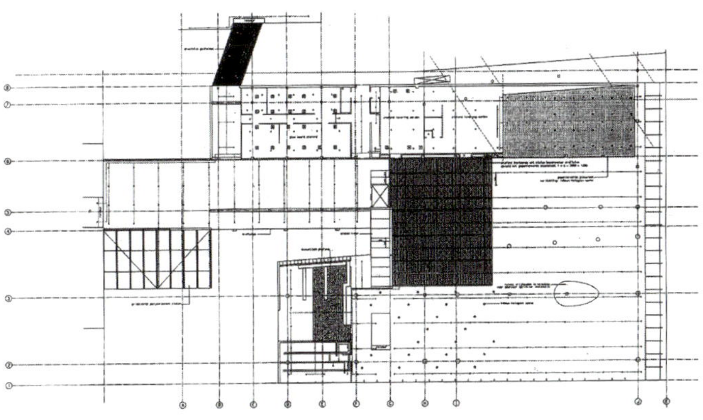

1층 천정도

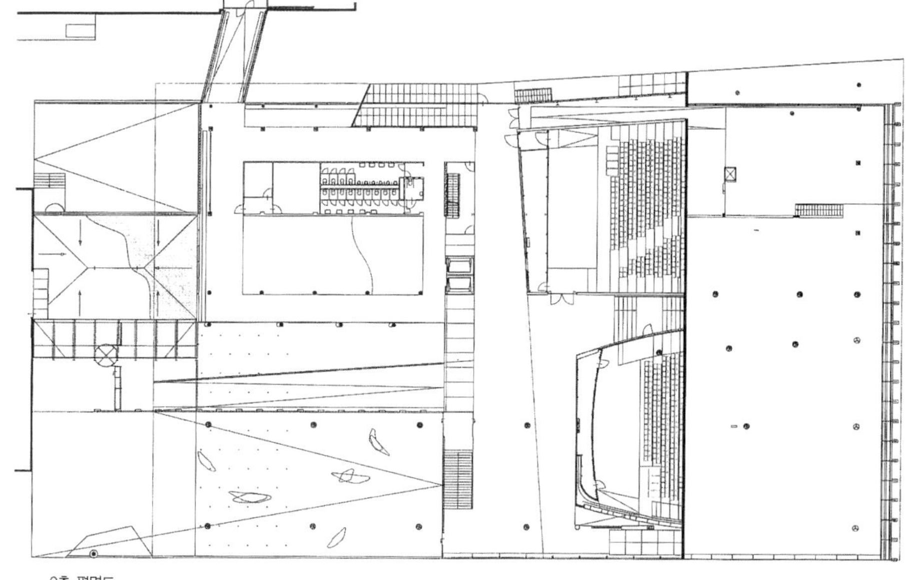

2층 평면도

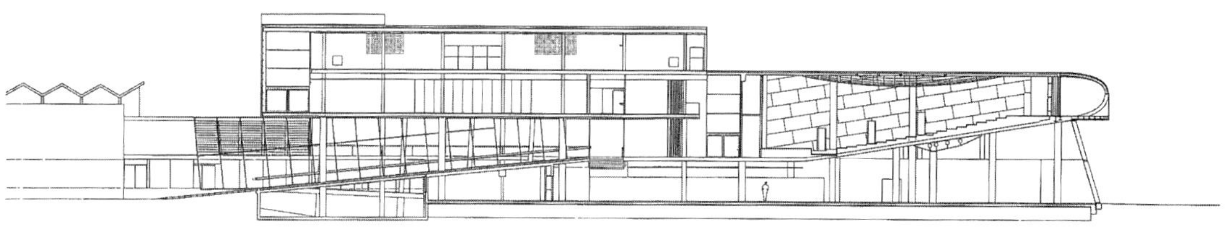

횡 단면도

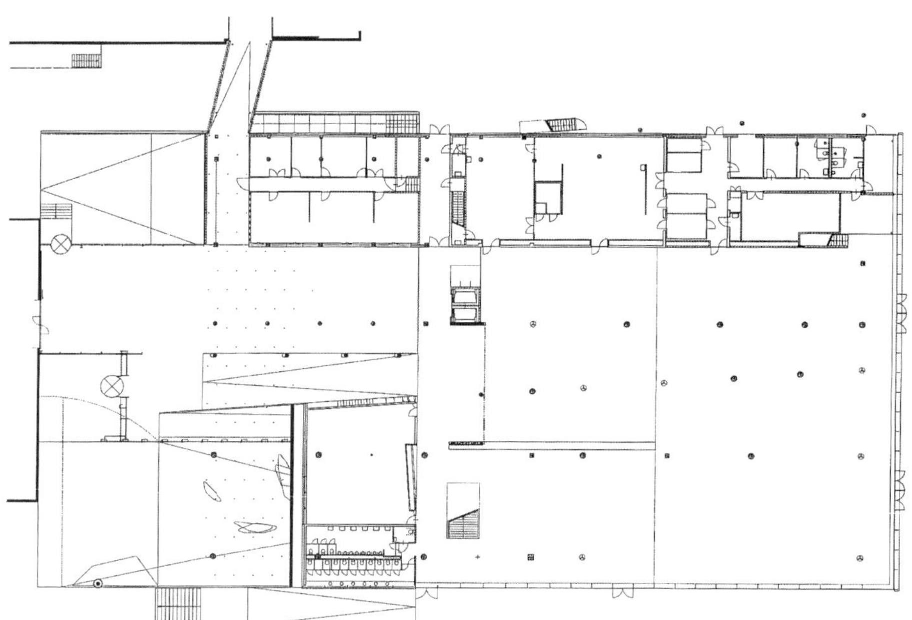

1층 평면도, 입구 홀 부분

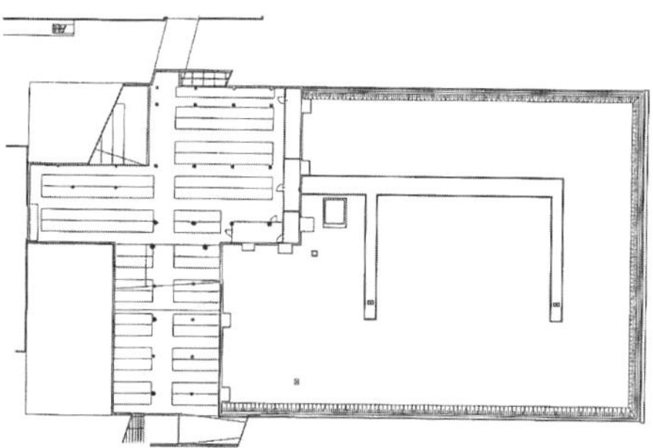

지하층 평면도

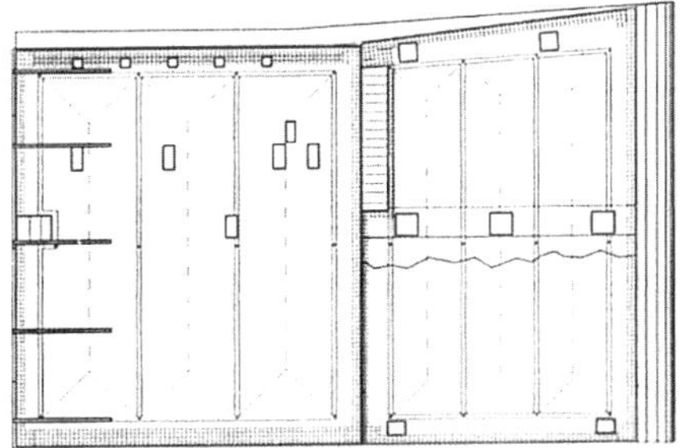

지붕층 평면도

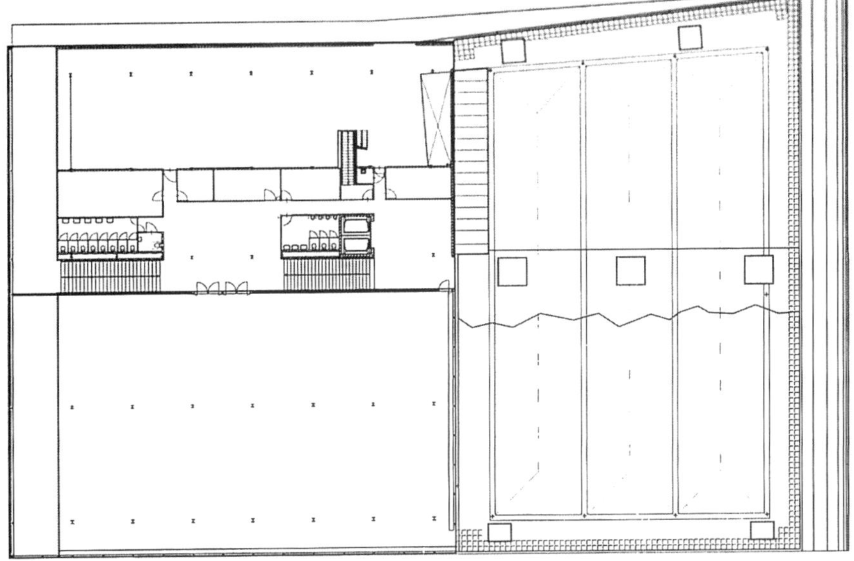

4층 평면도

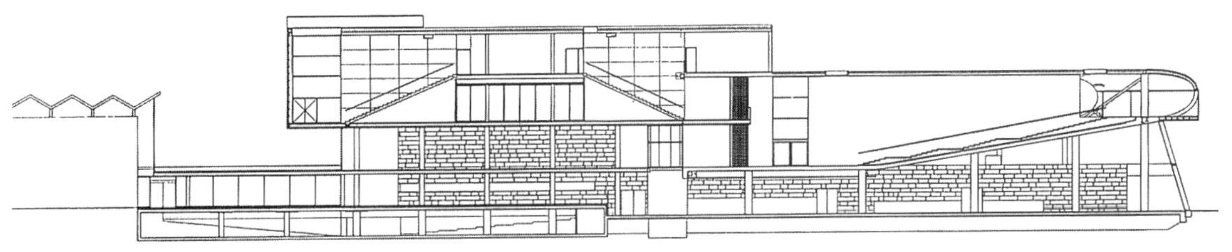

횡 단면도

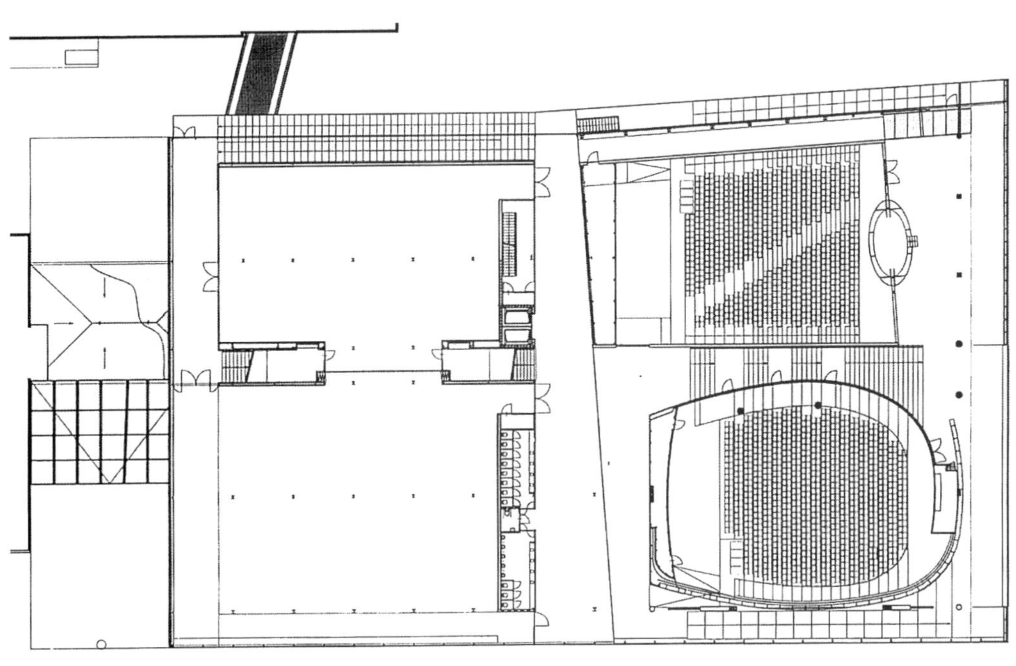

3층 평면도

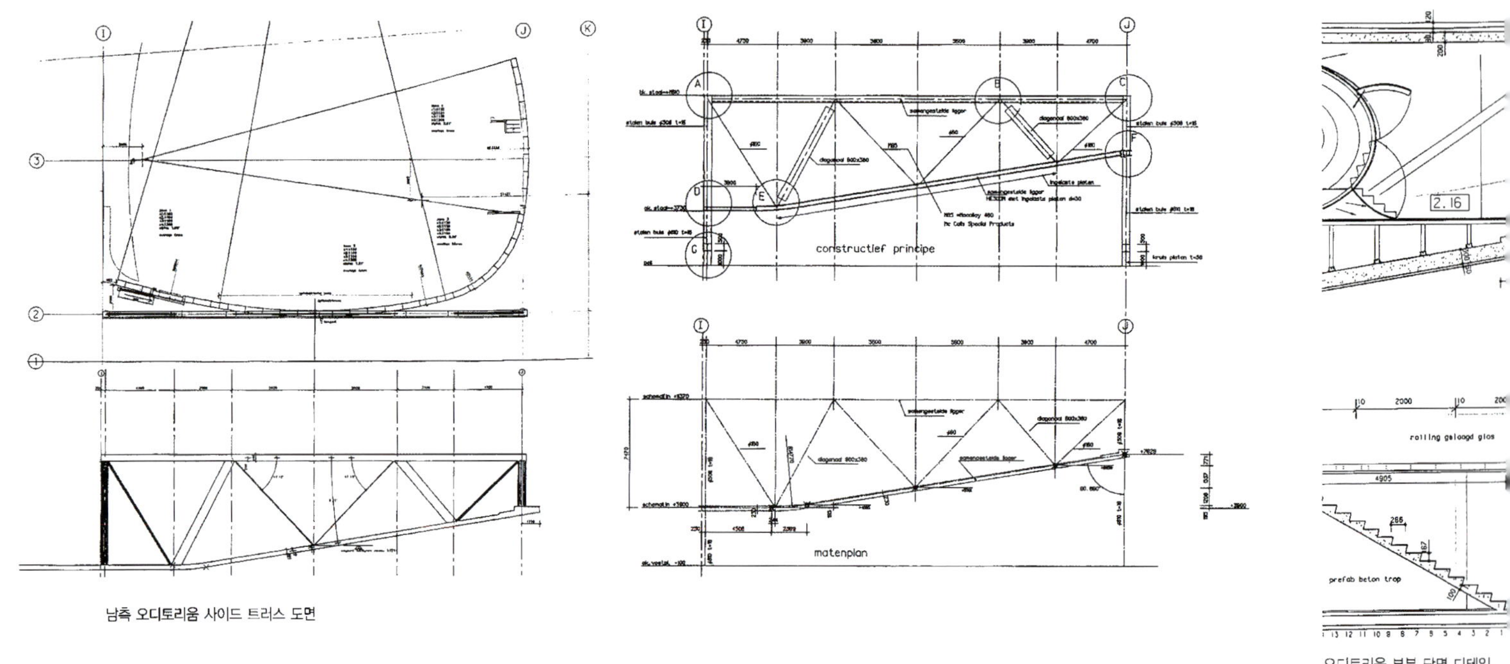

남측 오디토리움 사이드 트러스 도면

오디토리움 부분 단면 디테일

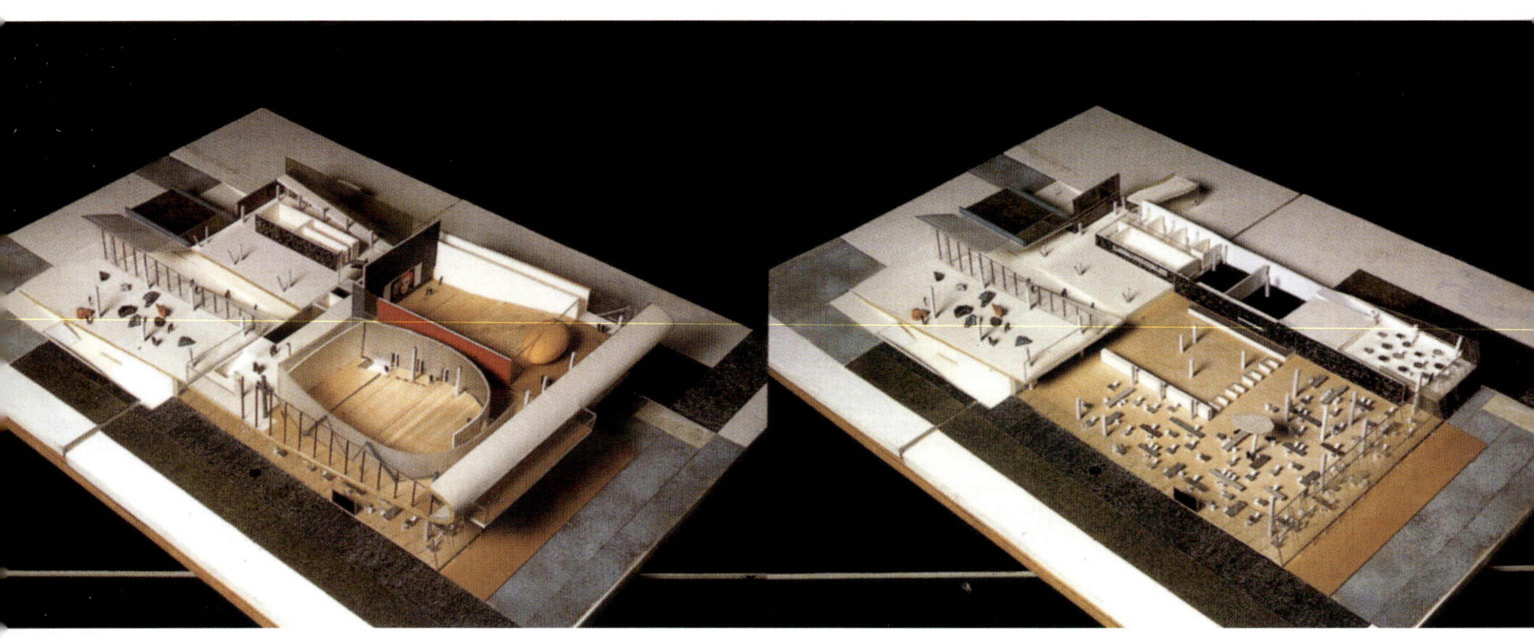

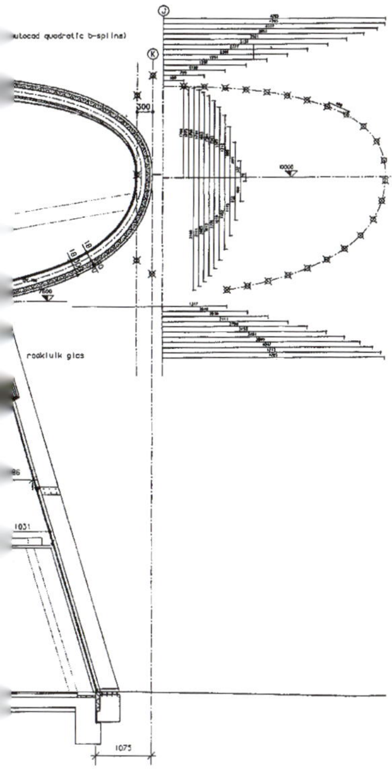

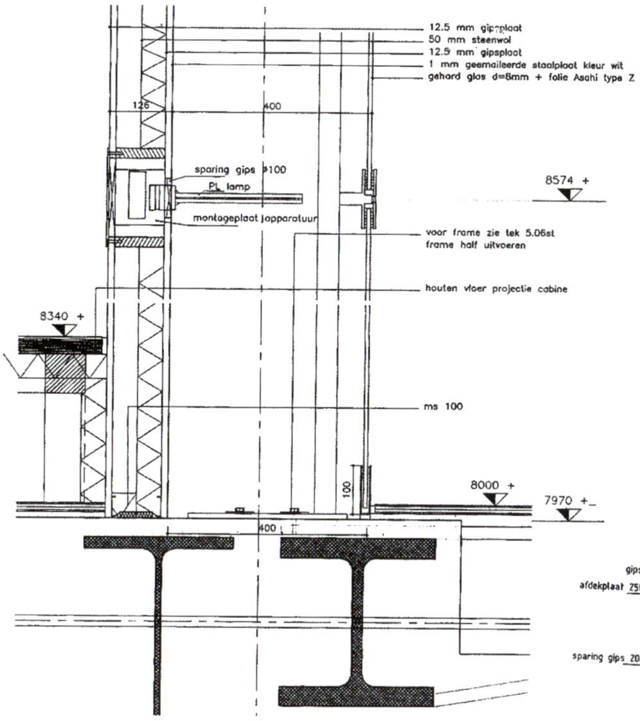

디테일 57E(vertical)

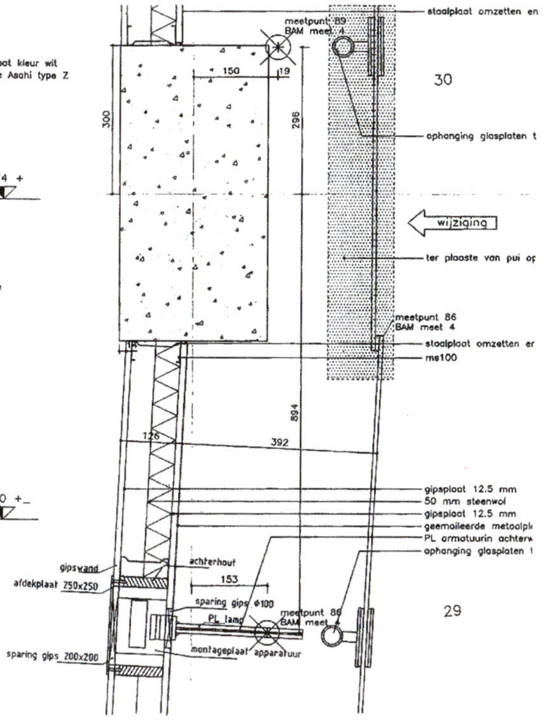

디테일 57E(longitudinal)

의상, 그래픽 인더스트리 학교
School for Fashion & Graphic Industry

Erick van Egeraat의 건축사고과정

에릭 반 에거레트(Erick van Egeraat)는 자신의 경력을 Mecanoo라는 건축 그룹에서 시작했으며, 이 그룹에서 그는 창립 멤버이자 주요 디자이너 중 한 사람으로 일했다. 후에 Van Egeraat는 1995년 자신의 사무실을 개업하게 된다. 따라서 그의 초기 작품들 중 일부는 Mecanoo와 자신의 사무실에서 일하던 기간 중에 이루어진 것들도 있다. 때문에, Mecanoo의 작품과 Van Egeraat 자신의 스튜디오 작품들 간에 유사성이 보이는 것은 그리 놀라운 일이 아니기는 해도 이들 둘 간에는 뚜렷한 차이점이 존재한다.

Van Egeraat는 자신의 작품에서 모더니즘을 받아들이고 그러한 분위기를 강하게 생각하고 있으며, 그는 이전의 Mecanoo에서 했던 것보다 이러한 측면에서 더욱 많은 시도를 해왔으며 비인습적인 작품을 선도해왔다. 그는 이러한 격렬함으로부터 결코 움츠러지지 않았다. 그의 작업은 로테르담에 지어진 〈자연사 박물관〉에서와 같이 굉장히 암묵적이며 또는 유트레히트에 지어진 〈기술 고등학교〉에서와 같이 극단적으로 저가의 건축인 것처럼 보인다. 즉, 이러한 것들은 그의 건축 디자인상에 있어 명백히 나타나는 특징들인 것이다. 역설적이게도 〈기술 고등학교〉의 명백한 저가의 특성은 부다페스트에서 그가 디자인 한 〈ING 은행〉에서 나타나는 과도한 바로크적 특성, 즉 소비적이고 육감적인 특징들과 유사한 분위기에서 유래한다. 바로크의 분위기는 Van Egeraat의 핵심적 심정과 가장 근접해 있지만, 그것은 선택적인 접근방식들을 배제하지 않는다.

이러한 태도는 그가 자신의 작업에 대해 기술한 『건축에 관한 6가지 생각(Six Ideas about Architecture)』(1997)이라는 책에서 분명히 나타나고 있으며, 이 책은 서로 섞이고 중첩된 다양한 글자체와 색채로 이루어진 이색적인 출판물이기도 하다. Van Egeraat는 이론이라는 것이 상대적으로 배타적인 관점에서 논쟁으로

1   2 3

이끌 수 있기 때문에 그 자신이 이론화에 대해 회의적이라는 사실을 밝히고 있다. 그는 다음과 같이 말한다.

"나는 생각이라는 것을 이해하지 못한다. 그런 스펙트럼의 반대편 극단에 집착하는 것은 어떠한 문제도 해결해 주지 못한다.... 건축은 절대적인 문제 이상이며, 후자 보다 전자가 되는 경우 이상이다. 건축은 이것 아니면 저것이 아니라 양쪽 모두이다. 건축은 배타적인 것이 아니라 내포적인 것이다. 그것은 단순한 정신적 확실함이기보다는 일련의 가능성들에 관한 것이다."

그러나 하나의 프로젝트를 위해 채택되어질 전략, 경향 또는 분위기는 그 컨텍스트에 달려있으며 Van Egeraat에게 있어서 그것은 하나의 본능적인 선택이다. 그는 다음과 같이 말한다.

"나는 건축이 최신 유행이 되기를 원한다. 건축은 단지 기호(taste)라고 생각한다."

Van Egeraat가 독립된 건축가로서 자신의 경력을 처음 시작했던 프로젝트가 부다페스트에 있는 〈ING 은행〉과 〈네덜란드 보험회사〉(1992-1997) 건물이었다. 이 프로젝트의 정수는 반대되는 특성들의 화해였으며, 그것은 아마도 Van Egeraat에게 있어 이상적인 과업이기도 했다. 실제로 네덜란드의 현대 은행과 보험회사들은 이전 공산주의 국가에서 자본주의의 성장을 위해 개척사업을 하고 있었는데, 실제적으로 이것은 모든 것이 이미 구축되어 있고 단지 주변부의 발전만이 가능한 서구에서 건물을 세우는 것과는 근본적으로 매우 다

의상, 그래픽 인더스트리 학교

른 입장에 있었다. 더욱이 매우 다른 입장에 있던 보험원과 은행원들이 두 회사의 등장에 따라 하나의 오피스를 나누어 사용하는것은 처음 있는 일이었다. 보험원들은 가슴으로 세일즈하는 사람들인 반면, 은행원들은 신뢰성, 견실성 그리고 전통을 추구하는 사람들이었던 것이다. 이들 반대되는 입장이 디자인에 표현되었는데, 디자인상 다뉴브 왕조시대로부터의 기념비적인 역사적 건물의 전환을 포함하고 있었다. 원래의 건물은 부분적으로 정확히 보존되었으며, 부분적으로는 급진적으로 첨가되었다. 은행 부분은 이전의 살롱 안에 하나의 회의실을 할당하였는데, 이 살롱은 벽전반에 걸쳐 연속적인 장식으로 처리된 뛰어난 유겐트스틸 풍의 천장을 지닌 공간으로 처리되었다. Van Egeraat는 이 방을 위해 특별히 가구와 새로운 징두리 벽을 디자인하였다. 반면, 보험원들은 유기적인 형태가 두드러진, 마치 계단 위를 나르고 지붕 꼭대기에 쉬고 있는 것처럼 보이는 레베우스 우즈(Lebbeus Woods)의 옛날을 회고하는 작품과 같은 모던한 회의실을 받게되었다. 옛 것과 새 것, 보험회사와 은행 그리고 어두운 지하와 이전 중정에서 아트리움으로 전환되는 청명한 유리 지붕간의 분위기상의 대조는 모든 부분에서 확정된 디테일 만들기의 일관된 추구로 인해 조화 있게 처리되었으며, 부드럽고 딱딱한 비품들의 처리 또한 Van Egeraat의 선택이었다. 그 결과 얼마의 광고 사진에 있는 배경과 같이 보이는 스펙타클 하고 눈부신 디자인이 되었다. 리모델링 된 건물 뒤에, 증축 분이 나중에 첨가되었으며 부드럽게 반사하는 표피와 특수 유리의 다른 면으로 처리된 부분을 지닌 것이 특징이라 할 수 있다. 나타난 화사드는 주변의 역사적인 건물들을 반사하며, 현존하는 건물들에 대한 손상을 줄여주고 있다.

로테르담에 있는 〈자연사 박물관〉은 완전히 다른 질서를 지닌 것이다. 그것은 또한 1851년에 지어진 빌라에 대한 리모델링과 역사적 건물에 대한 증축이라는 개념을 포함하고 있다. 박물관의 전시에 방해되지 않도록 하기 위해, 디자인상 급진적인 미니멀리즘으로 처리된 것이 특징이다. OMA에 의해 디자인된 인근의 〈KunstHAL〉을 마주보고 있는 유리 홀은 박물관의 내용을 외부에서 알 수 있도록 어렴풋한 인상을 부여한

다. 상층에는 수평으로 길게 설치된 창이 상부에서의 빛을 안으로 끌어들이고 있다. 이와 유사한 창이 벽 아래에 설치되어 있으며, 밑으로 내려가는 계단에서는 이 창을 통해 인근 〈뮤지엄파크〉의 전망을 바라볼 수 있게 된다.

유트레히트에 있는 〈기술고등학교〉는 다시 다른 특성을 보여주고 있다. 그 도시에서 Van Egeraat를 그 프로젝트에 합류시키기 위해 초청했을 때, 이미 기존의 디자인이 준비되어 있었으며, 그는 이것을 광범위한 한도 내에서 사용했다. 이것은 화사드에 설치된 실용적인 개구부에 적용될 수 있었다. Van Egeraat는 이 프로젝트에 영향을 주는 중요한 문제, 즉 부족한 재정 문제를 긍정적인 디자인상의 미학으로 승화시켰다. 건물의 내부는 노출 콘크리트로서 극히 간소한 마감으로 처리하였다. 외부는 미네랄 화이브 인슐레이션이 그대로 보이는 매우 저가의 다층위 된 화사드를 사용하고 있다. 건물의 한 코너는 입구 로비이며, 외부와 내부 조건 사이의 딱 중간의 환경을 지닌 단순한 유리 박스로 처리되어 있다. 이 거대한 볼륨 안쪽으로, 오디토리움이 단순한 목재의 리셉션 박스위로 설치되어 있다. 그 결과 흥미롭게 표면상 케쥬얼한 볼륨과 오픈 스페이스의 구성이 이루어지고 있다. 오디토리움의 반투명한 주름진 클래딩 마감 뒤로 휘황한 라이팅 튜브 다발이 멀리서도 보이는, 호기심을 자극하는 봉화와 같은 모습으로 학교의 입구 영역을 특징짓고 있다.

11

12

13

School for Fashion & Graphic Industry

Vondellaan 30, Utrecht, The Netherland, Erick van Egeraat

| 디자인 컨셉 |

이 건물의 건축가 Erick van Egeraat는 네덜란드 건축가 그룹 Mecanoo의 창립 멤버로서 그가 독립하고 설계한 2번째 작품이다. 이 건물은 전체적으로 ㄷ 자 형태로 배치되어 있어 안쪽은 중앙 광장을 형성하고 있다.

건물의 외관상 특징은 자유롭게 디자인되어 있는 창들과 입면에 드러난 수직 프레임의 배열이라고 볼 수 있다. 그리고 입면에 유리를 한 겹 더 설치하여 전체 입면이 유리로 마감되어 있다. 그러므로 2중적 입면을 가지고 있는데, 유리에 반사된 도시의 풍경이 입면으로 작용하기도 하고, 건물 자체가 가지고 있는 모습 그대로 보여주기도 한다. 한편 건물 코너에 위치한 홀 부분의 내부공간은 비워진 공간에 매스가 삽입되어 다리로 서로 연결되어 있고, 자유로운 기둥 배열로 부정형의 공간을 체험할 수 있다.

| 프로그램 |

이 건물은 패션과 산업디자인을 위한 학교이다. 중앙의 광장에는 주차시설과 운동시설들이 배치되어 있고, ㄷ 자의 건물은 강의실, 식당, 사무실, 실습실 등 일반적인 학교 건물 프로그램을 따르고 있다. 그리고 입구에 위치한 강당은 기둥 필로티로 공간에 띄워져 있다.

이 건물은 유트레히트 시내에 위치하고 있는 학교 건물로서 진입은 크게 두 가지로 구분된다. 건물 모서리에 있는 주 출입구와 건물 끝에 위치한 차량 출입구이다. 차량출입구는 바로 광장으로 진입하게 되고, 이곳을 통해 학생들도 로비로 진입할 수 있다. 주 출입구를 통해 로비로 진입하면 비스듬하게 배치된 안내 부스가 보이고, 이곳에서 양쪽으로 동선이 나누어진다. 중복도 형식을 취하고 있는 이 건물은 내부에 코어가 복도에 면해있고, 모든 강의실이 외기에 면하도록 디자인되어 있다. 그리고 로비 상부에 있는 강당 매스는 다리로 양쪽 매스와 연결되어 있고, 또한 2층부터는 서로 로비 공간에서 다리를 통해 동선이 순환되도록 계획되어 있다. 그러므로 로비공간은 상당히 활기있는 공간으로 존재한다.

이 건물의 가장 큰 특징은 유리로 마감된 입면이다. 또한 이 유리 면을 지지하고 있는 철재 수직 부재는 건물에 리듬을 주고 있다. 유리면 안쪽의 마감은 단열재를 그대로 노출시키거나 목재, 또는 벽돌로 마감되어 있다. 유리 면에 의해 재료는 시각적 양면성을 가지게 되는데, 투명한 유리 막이 상황에 따라 재료의 이미지를 연출하고 있다. 이 건물은 부분 3층으로 구성되어 있고, 로비부분은 철재를 사용하여 공간을 가볍게 처리하고 있다.

- **광장**: 3면의 유리 매스로 마감되어 있고 바닥은 블록으로 처리되어 소규모 광장을 형성하고 있다.
- **로비**: 건물의 모서리에 투명하게 처리된 이곳은 외부에서 시각적으로 구분되어 인지하기 쉽고, 내부에 강당 매스가 오브제로 들어서 있다.
- **입면요소**: 유리 면을 지지하는 수직 철재는 불규칙한 간격으로 배치하여 입면에 리듬감을 부여하고 있다.

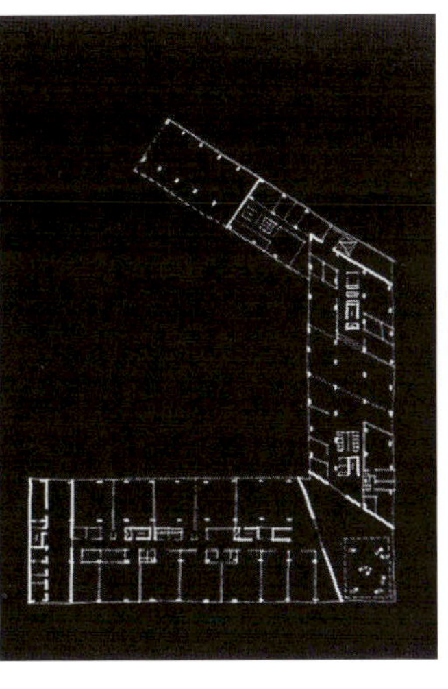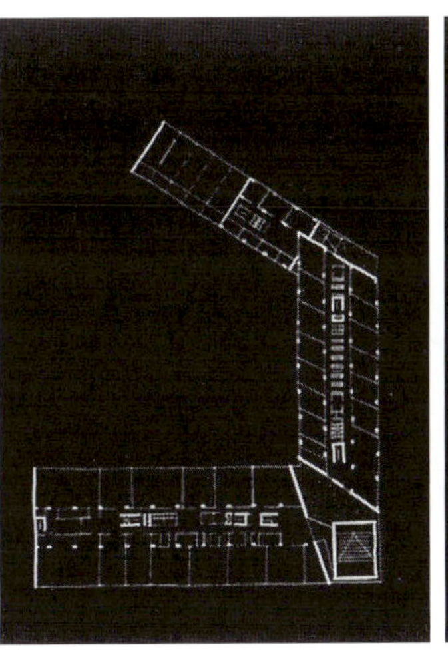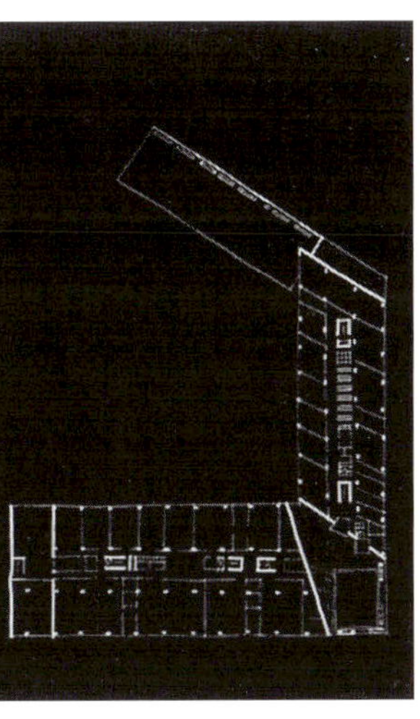

마스트리히트 건축 미술 아카데미
Maastricht Academy for Arts and Architecture

Wiel Arets의 건축사고과정

Wiel Arets 의 건축은 모순투성이다. 그것은 도시 컨텍스트에서 무미건조하며 차가운 모습을 보여주지만 눈에 띄지 않도록 최대한 노력하고 있다. 내부 공간은 훌륭하게 극적인 효과를 내도록 되어 있지만 사실상 자율적인 주민들을 위한 성소를 만들기 위함이다. 그러한 건물은 사진은 잘 받겠지만 그것은 사실상 M. Theste가 말한 것처럼 "내용 없는 건축"이며, 유일한 소설 같은 특성은 빌 아레츠(W. Arets)가 좋아하는 작가 폴 발레리(Paul Valery)에 의해 만들어졌다. 그러한 그의 디자인은 비가시성(invisibility)에 대한 갈망의 표현이다.

아레츠(W. Arets)는 1970년대 말–1980년대 초에 공부했던 건축가 세대에 속하는데, 이 시기에는 포스트 모더니즘이 한창일 때였다. 처음부터 포스트 모더니즘은 무시했고, 철학적인 면에 더욱 관심을 가져왔는데 이것은 무엇이 마음의 현전(presence of mind), 즉 확신도 경계(alert)도, 움직임과 날카로운 자기성찰(self-aware)이 없는 명확히 깨어있는(lucidity) 상태를 가장 잘 묘사할 수 있는가라는 건축에 대한 것이었다. 아레츠(W. Arets)는 건축은 명료한(unequivocally) 자율적인 훈련이라는 배경을 가지고 있기 때문에, 그의 작품은 지속적으로 비 건축적인 "부드러움(softer)"과 덜 감촉적(tangible)인 측면이 중요한 부분으로 작용하는 경향으로 발전되어 왔다. 처음 보면 단순한데 나중에 보면 시적이고 풍부함이 나타나며 그래서 의도한 바가 지속적으로 변환의 과정을 시작한다. 그 건축의 단편화되고 동시에 에세이 적인 특성은 정확하고 요점적이지만 개인적인 해석과 상상의 여지를 남겨놓았다.

아레츠(W. Arets)의 디자인은 도시 컨텍스트에 맞춰진 매우 덜 기하학적인 형태를 일정하게 취한다. 블록과 바(bars)의 구성은 공중사진이나 스케일 모델에 나타나는데 그것들은 환상적인 형태학적 복합성을 보여준다. 이러한 측면에서 그들은 지형학적(topographical) 지도에서 단순한 블록으로 나타나는 지오르지오 그라시(Giorgio Grassi)의 디자인과 유사성이 있으며 안도 다다오의 것과도 유사성이 있다. 그라시(G. Grassi)와는 달리 아레츠(W. Aret)는 처음부터 경직된 그의 디자인을 역사와 타협하려 하지 않는다: 그 타협은 시간이 흐름에 따라 나중에는 필수적이지만 말이다. 시간이 지남에 따라 재료는 퇴화되지만 아레츠는 그대로 내버려두며 그의 건물을 덜 공격적으로 보이게 해서 그들의 컨텍스트에 섞이게 한다. 하지만 사용자들에 의해 그 건물이 점차 적절하게 되어가기 때문에 시간은 또한 그 건물의 내부를 변하게 한다. 아레츠는 그러한 변화가

Wiel Arets 인물사진

1

2

3

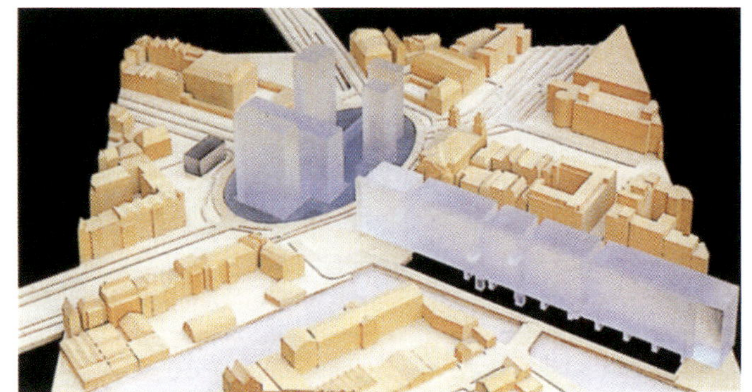

4

시간이 지남에 따라 그의 건물 주변에서 일어날 것이라는 사실을 잘 알고 있다. 그는 그의 여러 편의 글에서 이러한 프로세스의 중요성으로 고민하고 있는데 종종 그는 "신체의 은유(metaphor of body)"를 사용했다.

예를 들면, 그는 건물을 도시의 진부한 부분을 대치하는 항 응혈작용의 테마(prostheses)라고 부르는데, 즉 그는 흉터를 남기는 지면의 표면에 생긴 상처를 사용한다; 그리고 그는 그의 건축에 의해 활동하기 시작한 바이러스의 과정에 대해 말한다. 자신의 에세이 〈알라바스타 스킨(An Alabaster Skin)〉에서 그는 "건축은 폭력적"이라고 쓴다. 왜냐하면, 건축은 환경에 대한 희생자가 되기를 거부하기 때문이다. 그러나 동시에 그것의 의지에 따라 컨텍스트에 정확하게 묶일 수 있는데, 그것은 환경의 희생자이기 때문이다: "〈건축〉은 환경과 결합할 때만이 세계의 한 부분이 될 수 있다. 결합은 교묘하게 그것을 빌려준다."

아레츠의 건물의 외피는 도시의 외피인 동시에, 그 안에서 무슨 일이 일어나든 건물의 외피이기도 하며, 그는 막(membrane)을 통하여 계속적으로 다른 단계의 투명성으로 내부와 외부, 사적인 것과 대중적인 것의 긴장을 만들어 낸다. 그의 내부공간은 1층에서 친절하게 오픈 되는 특징을 가지며 그 안에서 이질적인 것(heterotopias)이 발전된다. 내부구조는 고압적(coercive)인 동선을 지니며, 일련의 훌륭한 공간과 조망을 지나가도록 보행자를 이끌며 그들에게 영화 같은 경험을 하게 한다.

아레츠의 건축에 대한 급진적인 접근의 예는 아마도 마스트리히트(Maastricht)에 있는 〈건축.예술 아카데미(Academy of Art and Architecture)〉(1989–1993) 일 것이다. 이 건물은 몇 그루의 오크 나무 위를 지나는 인도교로 연결된 두 가지 부분으로 나누어져 있다. 그 인도교는 기존의 산업지구의 도시센터가 주거지역의 도시 광장으로 변하게 하는 게이트웨이를 형성

5

7

6

8

마스트리히트 건축 미술 아카데미

한다. 건물의 한 부분은 부분적으로 지하로 묻혀있는데 오디토리움이나 도서관, 휴게실 등의 공적인 공간을 가지고 있다. 하나의 순환로는 지붕과 건물의 두 번째 부분으로 향하는 인도교 위로 유도하는데 그것은 또한 부분적으로 1층 밑에 있게 된다. 이 곳은 커다란 공간에 스튜디오가 있는데, 미래의 예술가들이 그들의 영역을 표시할 수 있는 곳이다. 이 두 가지 부분의 정면은 좁은 유리창으로 되어 있는 유리블록으로 덮여 있으며, 안에 있는 사람들에게는 바깥을 볼 수 있게 하고 바깥쪽의 사람들은 안을 들여다 볼 수 없도록 만들고 있다. 지나가는 사람들은 밤이 되어 건물내부에 불이 켜질 때까지 그리고 거대한 랜턴으로 변하여 도시의 건물로 인식되기 전까지 내부에서 일어나는 일들을 전혀 알 수 없다.

히에렌(Heerlen)에 있는 〈AZL 보험회사〉(1990-95) 건물은 대부분의 원래 구조가 보존된 채 기존의 건물에 부가물처럼 세워져 있다. 그 건물은 두 거리에 새로운 연결점(liaison)을 만들어내며, 그 도시의 역사적 중정의 구조를 손상시키지 않고 유지하고 있다. 아레츠(W. Arets)는 새로운 사무실 가구 시스템을 거대한 개방된 사무실 인테리어를 위해 만들었는데, 그것은 사용자에게 프라이버시를 제공하면서 고정된 작업위치를 부여하지 않는 것이다. 그 사무실에 도착하면, 직원들은 간단하게 노트북이나 전화를 콘센트에 꽂을 뿐이다.

9

10

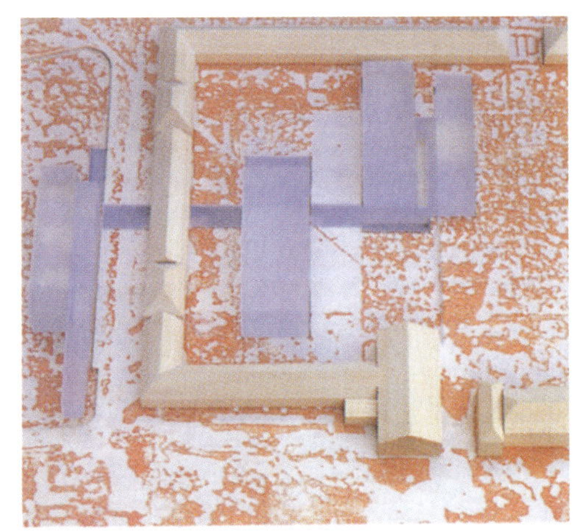

11

12

아레츠(W. Arets)의 가장 정성들인 숨바꼭질 게임은 발(Vaal)에 있는 〈경찰서〉 건물 디자인에서 일어난다. 건물을 구성하는 세 개의 볼륨은 경찰서 직원들과 일반인들이 만나는 각각 다른 층에 위치한다. 그 건물을 지나는 보행자 길과 인접하는 볼륨은 최대한으로 경찰서 직원과 일반인들이 만날 수 있는 공간을 가지고 있다. 즉 감옥(cell block)과 경비실(kennel, 경찰견이 다가오는 방문자를 짖을 수 있는 곳)뿐 아니라 집무 책상(duty desk), 각 국에서 온 경찰 헤드기어를 전시해 놓은 유리 케비넷, 인터뷰와 심문을 위한 실 등이다. 두 번째 볼륨에는 중앙통제실과 사복경찰이 집무하는 계속 교대하는 방이 있다. 여기서부터 그들은 최대한으로 통제된 구역으로 들어갈 수 있다. 즉 사무실(crisis room)과 캔틴, 즉 방 로커의 내용물이 보이는 유리벽이 있는 방이다. 전체 건물은 남쪽 룸베르그(Lumberg)의 중정을 주의 깊게 볼 수 있도록 되어 있는데, 내부 벽의 창문은 희미하게 볼 수 있는 불투명(frosted glass)로 된 외피로 싸여 있다. 이 벽 뒤에서는 내부 중 일부가 희미하게 보이는데, 특히 밤에 내부가 빛날 때 그렇다. 이 건물의 단순하고 엄격한 컨셉은 처음에는 평범한 사무실 건물로 보이게 한다. 그렇지만, 정면의 어리둥절하게 만드는 모호함과 그 뒤에 숨겨져 있는 고립된 재료의 희미함으로 경찰서임을 알아보게 한다. 여러 층으로 된 벽의 투명성 안에서 이 경찰서는 충실하게, 경찰력의 이중적인 특징–한편으로는 개방적이고 친절한 그러나 또 다른 면으로는 감시와 강압적인– 을 나타내고 있다.

15

16

Maastricht Academy for Arts and Architectur

Herdenkingsplein 12, Maastricht, The Netherland, Wiel Arets

작품설명

| 디자인 컨셉 |

이 건물의 특징은 전체가 유리 블록으로 마감되어 있다는 것이다. 노출콘크리트의 구조체를 제외하고는 모두 유리 블럭으로 마감되어 시각적으로 가볍고 정렬되어 있는 인상을 주며, 내부공간으로 밝은 빛이 들어오고 있다. 전체 매스는 두 개로 분리되어 있고 상부에서 다리를 통해 연결되어 있다. 다리로 연결된 광장 쪽의 트인 부분은 그쪽 매스 또한 1층 부분을 필로티로 띄워 더욱 시각적 개방감을 주고 있다. 한편, 이 필로티 아래 부분은 지하 작업실로 사용되는 천장인데, 유리 블럭으로 마감하여 지하내부를 더욱 밝게 하고 있다.

내부공간은 규칙적인 기둥 배열에 맞추어 격자로 정렬되어 있고, 형태적으로 두 매스가 서로 어긋나 있기 때문에 한쪽의 코어 계단 실은 매스와 어긋나게 배치되어 있다.

| 프로그램 |

이 건물은 예술과 건축을 위한 학교 건물이다. 기존의 건물을 증축한 것으로 전혀 새로운 이미지의 건물이 만들어졌다. 주로 전시실과 스튜디오로 구성되어 있고, 지하에는 소음을 일으키는 작업실이 있고, 다리로 연결된 별 동은 학습을 위한 열람실과 도서관으로 구성되어 있다.

| 동선순환체계 |

이 건물은 마스트리히트 시내에 위치하고 있다. 주변의 공동주택과 광장을 공유하고 있고, 광장 진입부분에 위치하고 있다. 광장에 면한 부분에 주 출입구가 있고, 형태적으로 구분하기보다는 전체 유리 블럭에 입구에만 검은색 철재 문으로 구성함으로서 인지하도록 디자인되었다. 스튜디오 건물은 2개의 수직동선을 가지는데 하나는 직선계단으로 밝은 빛을 받을 수 있도록 유리 블럭에 면해 있으면서 하나의

오브제 같은 이미지를 주고, 다른 하나는 비상 계단으로 이용되고 있다. 한편 도서관 매스는 3층에서 다리를 통해 진입할 수 있는데, 이 다리 끝에 수직 계단이 설치되어 있어 동선을 순환시키고 있다.

| 구조 시스템 |

이 건물은 노출 콘크리트로 구조체를 형성하고 있고, 입면은 유리 블록으로 마감되어 있다. 규칙적인 구조체가 노출되어 있기 때문에 상당히 구조적으로 보이면서 시메트리 한 이미지를 제공한다. 특히 바닥을 강화 유리로 마감하여 어두운 공간을 밝게 처리하고 있고, 건물의 가볍게 처리하고 있다. 특이한 점은 외부로 창을 거의 내지 않아 빛은 받아들이지만 시각적으로 트여 있지 못하다.

| 주요 디테일 |

- 필로티: 광장 입구에 배치한 매스의 1층을 필로티로 띄워 시각적 개방감을 제공하고 있다.
- 계단실: 유리 블록에 면한 곳에 직선 계단으로 구성되어 있고, 노출 콘크리트로 독립 적으로 서있기 때문에 구조적 재미를 제공한다.

- 유리 블럭: 외부에서는 입면요소로서, 내부에서는 밝은 공간을 연출하는 요소로서 사용된다.
- 지하 작업실: 천장이 유리 블럭으로 마감되어 지하지만 밝은 공간을 연출한다.

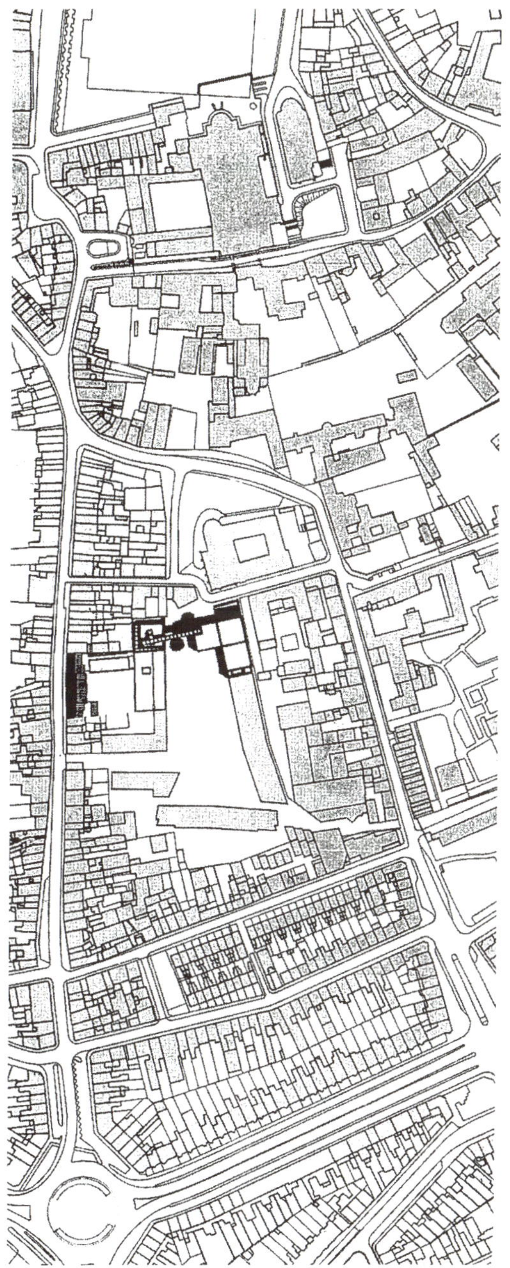

전체 배치도

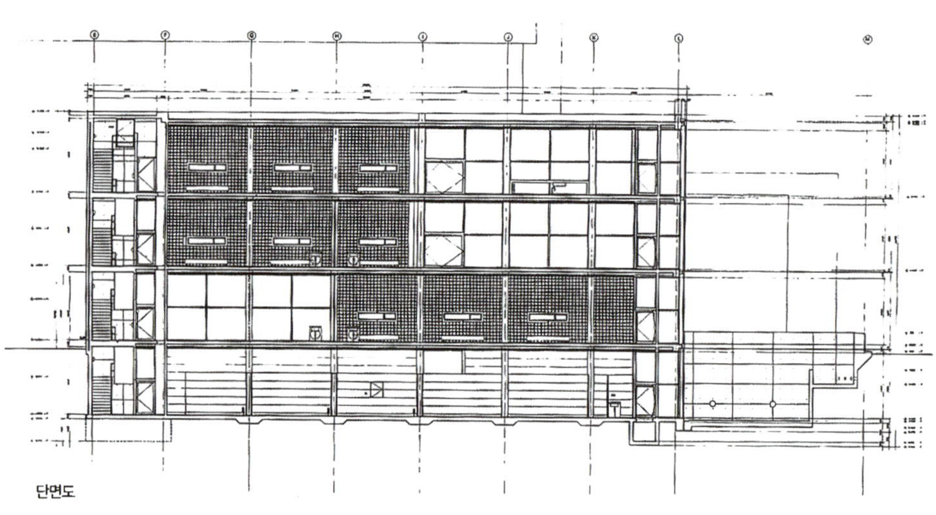

단면도

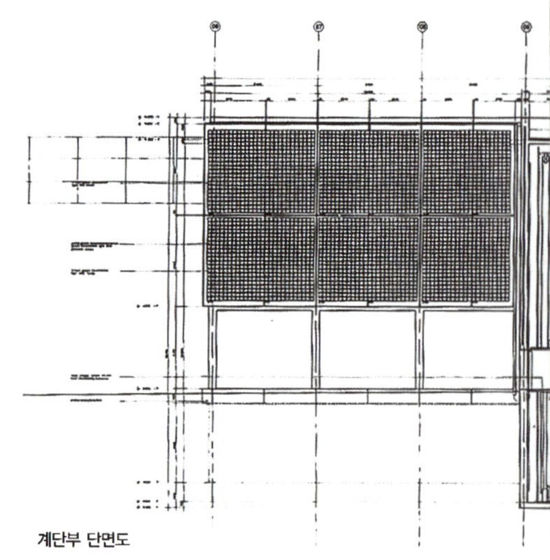

계단부 단면도

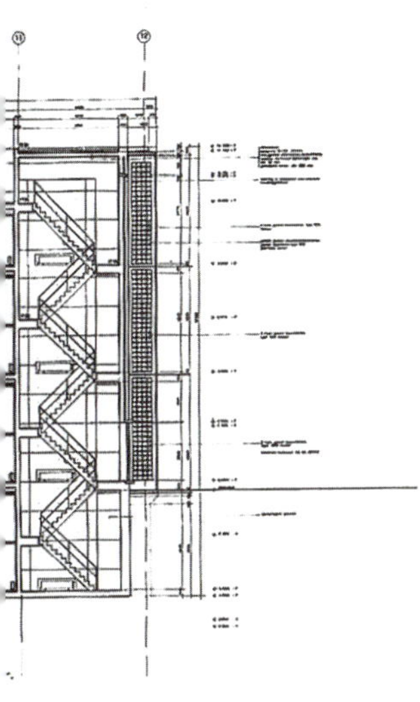

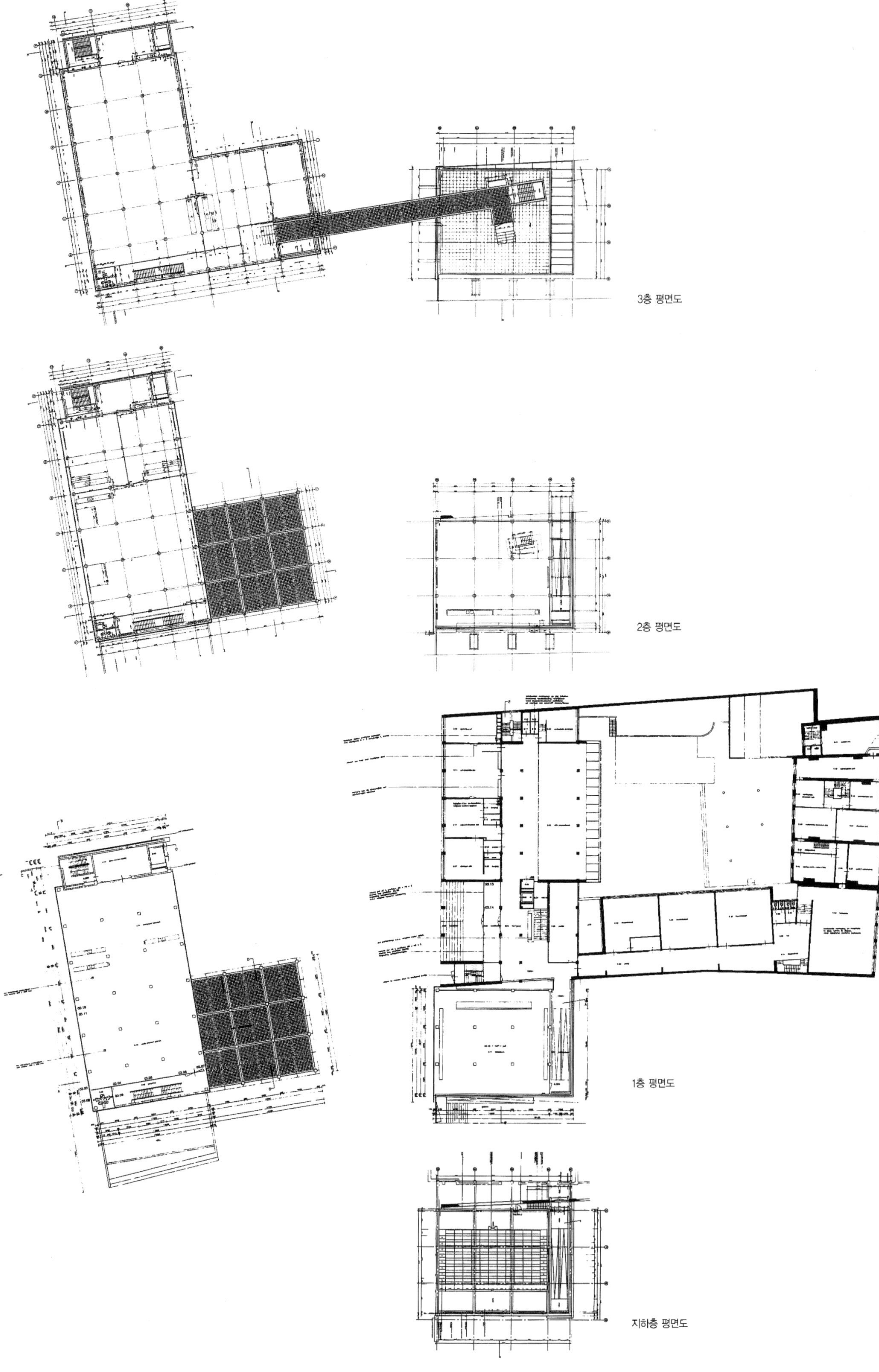

3층 평면도
2층 평면도
1층 평면도
지하층 평면도

A
B
C
D
옥상부
커피숍
도서관
회의실
중 단면도

서측 입면도

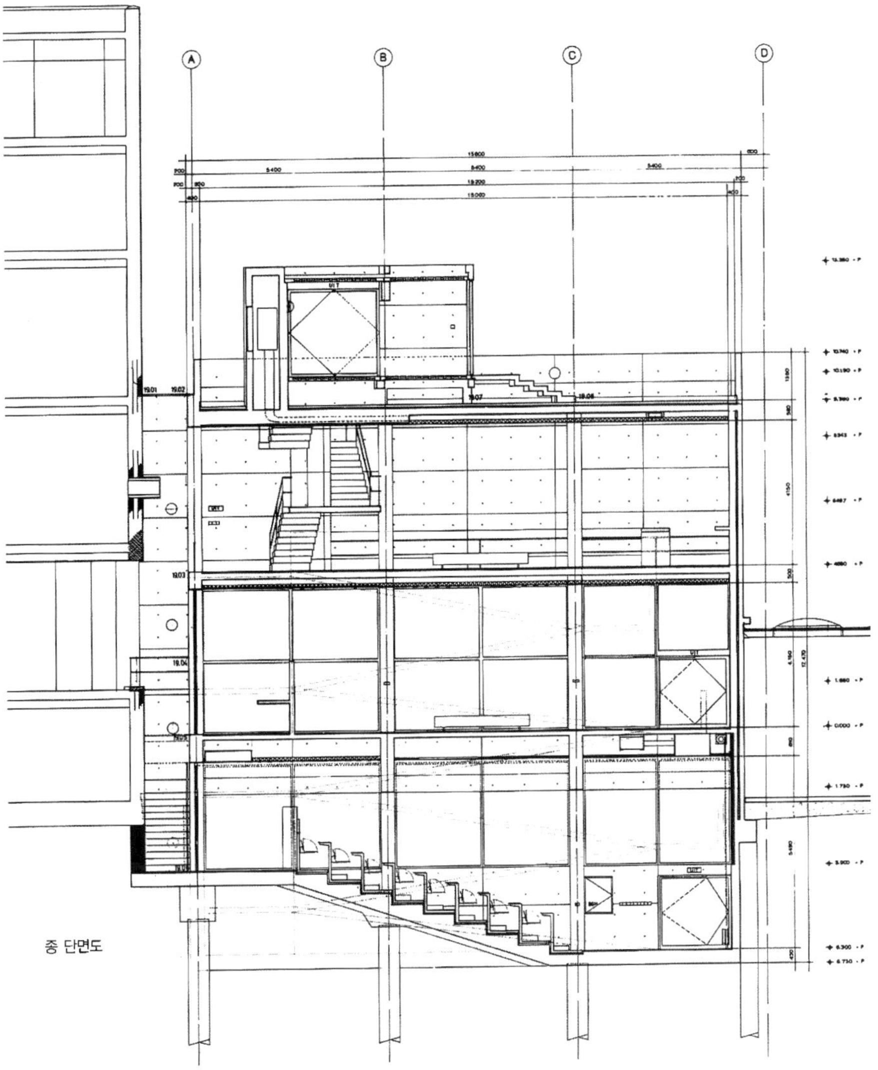

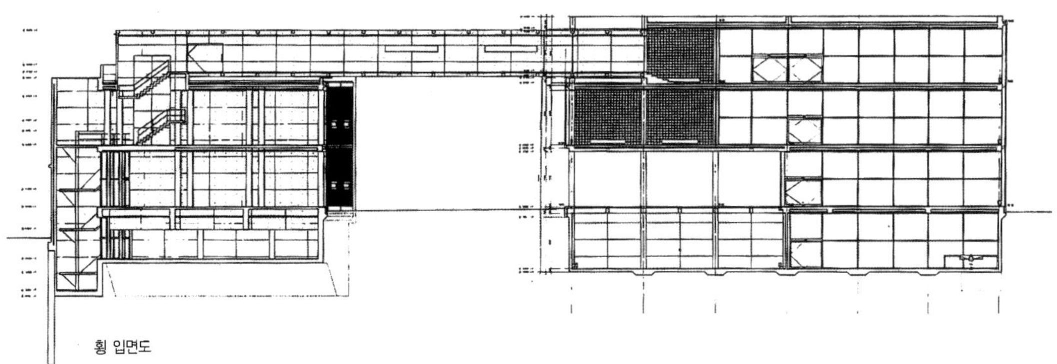

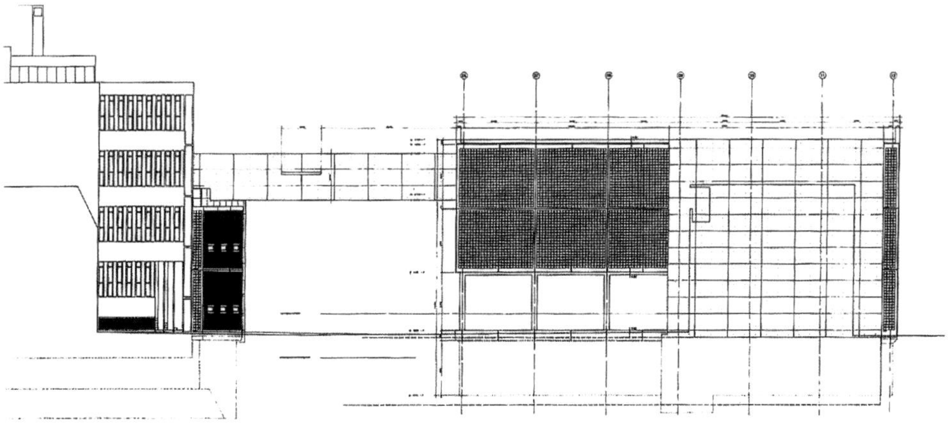

횡 입면도

세인트 베노 캐톨릭 스쿨
Saint Benno Catholic Secondary School

작품설명

| 디자인 컨셉 |

이 건물은 베니쉬의 작품으로 그의 작품에서 보이는 자유로운 형태적 조작을 볼 수 있다. 도로변에 면한 입면은 최대한 정돈해서 디자인하였고, 반대편 주거지역 쪽은 다양한 형태를 시도하였다. 도로 쪽은 소음을 고려하여 입면이 차음의 역할을 하는 방음벽을 세워 단순한 이미지를 주고 있는데, 파란색 입면과 흰색의 돌출 매스는 강한 이미지를 제공한다. 이와는 반대로 반대편은 교실 매스들을 이 벽에서 분리시켜 서로 어긋나게 배치하여 자유로운 형태를 만들어 내고 있고, 그 사이는 복도로 계획하여 비움 공간을 활용하고 있다. 특히 전 층이 오픈 된 로비나 계단실 공간은 사선의 유리 면으로 구성하여 형태적 조작을 하였다. 부분적으로 상층 매스들이 후퇴하여 옥상에 작은 정원을 형성하고 있어, 교실에서 정원을 감상할 수 있도록 하였다.

| 프로그램 |

구 동독지역인 드레스덴에 위치한 이 학교는 오랜 역사를 가지고 있지만, 지난 1991년 다시 개교한 카톨릭 학교이다. 학교는 드레스덴 시내에서 조금 벗어난 주택가에 접해 있는데, 일반적인 학교시설의 프로그램을 반영하고 있다. 주로 교실은 주거도로 쪽에 자유롭게 배치되어있고, 반면에 주 도로 측에는 소음문제 때문에 솔리드 한 벽으로 차음을 하고 화장실이나 부속시설들을 배치하였다.

| 동선순환체계 |

이 건물은 4면이 도로에 접해 있는데 접근은 3곳에서 가능하다. 전면의 대로를 제외하고 나머지 3면에서 가능한데, 주 진입은 대로와 만나는 코너에 2층으로 진입하는 주 계단을 통해서 이루어진다. 또한 반대편은 운동장으로 진입이 가능하고, 주거지역 쪽으로는 2층의 교실 정원으로 바로 진입이 가능한 부속 계단이 있는데, 항상 개방되지는 않는다. 또한 방음벽과 교실사이에 있는 긴 복도에는 곳곳에 계단을 배치하여 항상 수직으로의 이동이 원활하도록 계획하였다. 1층과 2층을 연결하는 주 계단 공간은 유리 아트리움으로 계획되어 밝은 공간을 제공하고 시각적 개방감을 느끼게 한다.

| 구조 시스템 |

이 건물에서 보이는 가장 큰 특징은 서로 양쪽의 입면이 다른 이미지를 제공한다는 것이다. 도로쪽의 솔리드한 입면은 이 건물이 상당히 절재 되고 단순한 이미지를 제공하지만, 반대편을 보면, 이 건물은 역동적이고 가벼운 인상을 준다. 대로변 입면은 파란 벽이 강하게 인지되면서 곳곳에 돌출한 매스들이 재미를 주고 있고, 주거지역 쪽 입면은 매스가 서로 밀려 테라스를 구성하고 철재 차양을 설치하여 기계적 이미지를 많이 준다.

| 주요 디테일 |

- **차음 벽**: 파란 벽을 통해 교실과 차음을 해결하고 있고 운동장쪽은 덩굴을 이용해 자연스럽게 해결하고 있다.
- **주 계단실**: 부정형의 유리박스 안에 오픈된 공간을 형성하고 있다.
- **복도**: 방음벽과 교실매스가 서로 어긋나 있기 때문에 사선의 공간이 많이 만들어지지만 사이사이에 휴식의 공간으로 사용되고 있다.

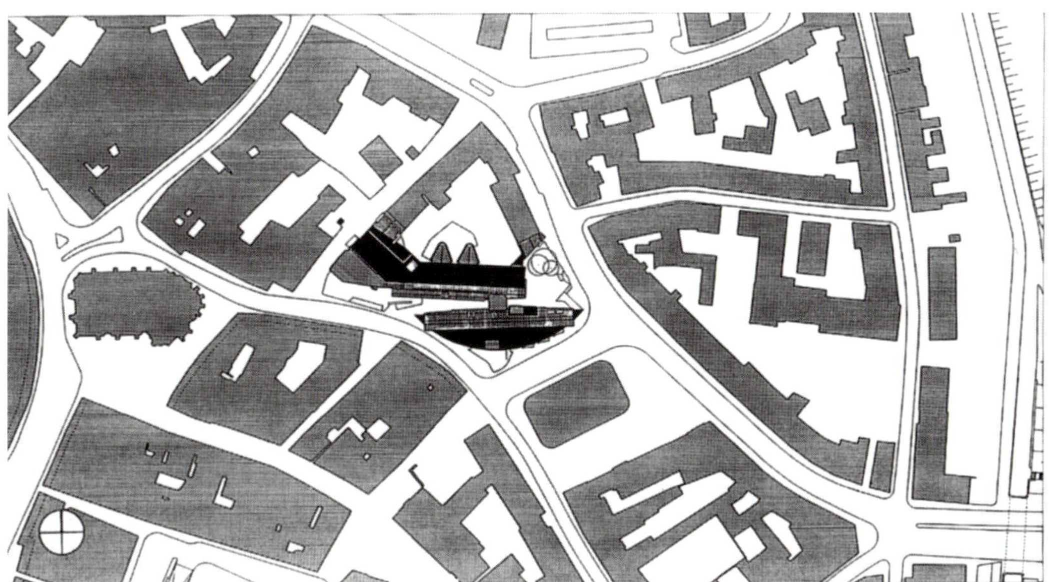

전체 배치도

사우스 그라이샤임 유치원
South Greischeim Kindergarten

Bolles-Wilson의 건축사고방식
: 우리들의 스테이트먼트(Statement) 2

Bolles-Wilson 인물사진

Eurolandschaft, 유럽 랜디스케이프

토쿄에서 "오브젝트, 물체"는 자율성을 지니고 있다는 상황 그 자체가 우리의 생각을 왜곡시켰던 것은 확실하다. 이것은 건축 디자인의 스케일 이야기가 아니고, 모델을 만들려고 했을 때의 이야기이다. 그 모델은 통상의 도시계획 전략 등보다도 훨씬 설득력을 지니며, 유럽의 역사적 도시의 "뚝 떨어진 영토"를 제외하고 이외의 어디에라도 불연속인 주변지역이나 유사하게 도시화한 풍경을 볼 수 있을까를 잘 설명한 것이었다. 이 새로운 "유럽 랜디스케이프"라는 구상은 지형적으로 말하면 도쿄와 매우 유사하다. 다만 밀도가 약 10분의 1 정도 작은 것뿐이다. 이것에 의하면, 도쿄는 지중해와 북해 사이에 평평하게 퍼져 있다. 그러나 텔레커뮤니케이션 덕분에, 모든 장소가 동일하게 연결된다. 교통망이 구석구석까지 널리 퍼져, 물류 관리 덕분에 지도상의 어떤 지점에서라도 이전에는 도시에만 허용되던 기능을 발휘할 수 있게 된 것이다.

그 결과, 풍경은 이벤트와 컨디션의 태피스트리(tapestry), 즉 사건과 배경의 직물이 된다. 더욱이 거기에는 쇼핑센터, 집합주택, 풍력 발전소, 어드벤처 파크, 삼림(森林), 오피스 타워 등이 포함되며 한 때의 과밀도시에는 공극(空隙)이 생겨 "Eurolandshaft"가 침투한다. 이러한 네트워크를 조직화하려면 프랙탈(fractal)적인 생각의 크래쉬 코스(Crash Course)가 필요하다. 부드러운 공간이나 디지탈적인 공간이 지리적으로 결합하고 있는 공간 안에 바싹바싹 잠입하는 것이다. 인공 환경은 더욱 더 경제와 정보의 가상 벡터의 잔여물이 된다. 도시는 이미 고정된 형상은 아니다. 항구적인 형상도 아니다. 디자인된 형상도 아니다. 도시는 자율적인 이벤

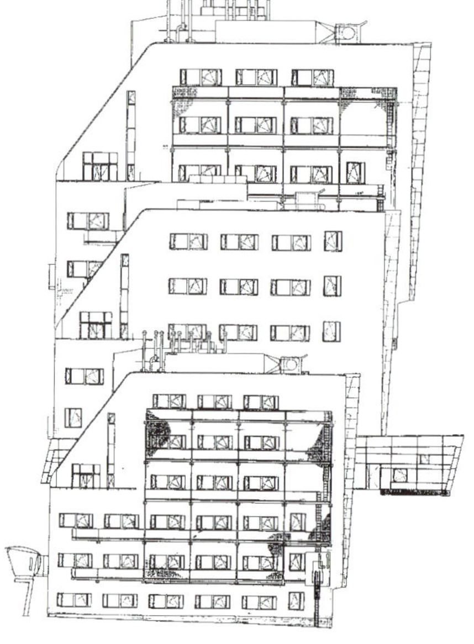

1

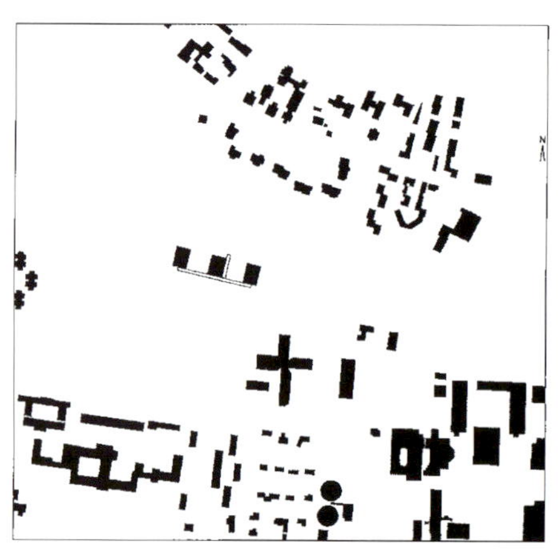

2

3

트를 요소로 한 가변적인 매트릭스, 모형(母型)이 된다. 도시는 다이나믹한 로지스틱스(Logistics), 즉 즉동적 전략의 투영이다. 그러한 의미에서 볼 때, 역사적 도시 센터도 이 프로그램에서는 하나의 이벤트에 불과하다.

그럼, 건축의 무엇이, 어떤 시점에서 그 룰을 어느새 확대할 수 없게 되어 전체의 조직에 그것을 끼어 넣어 버린 것일까?

아마, 새로운 여러 가지 테크놀로지를 흡수해 보다 큰 의미에서의 투명성을 수립하여 이용자에게 미디어화된 지각 공간이란 어떠한 것인지를 경험시켜주는 건축이 있다면, 그러한 건축이야말로 향후 시사하는 바가 클 것이다. 하지만, 우리는 그러한 방향을 취하지는 않는다. 폴 비빌리오(P. Virillio)는 "오늘 말하는 불투명함이란 순간의 막간(幕間)에 지나지 않는다"라고 말한다. 아마 건축에 대해서도 그럴 것이다. 이 불투명함은 도서관 이후의 우리의 건축의 주제인 것이다. 예를 들면, 〈뮌스터 테크놀로지 센터〉의 건축은 질량성(質量性)을 강조하고 있다.

4

5

6

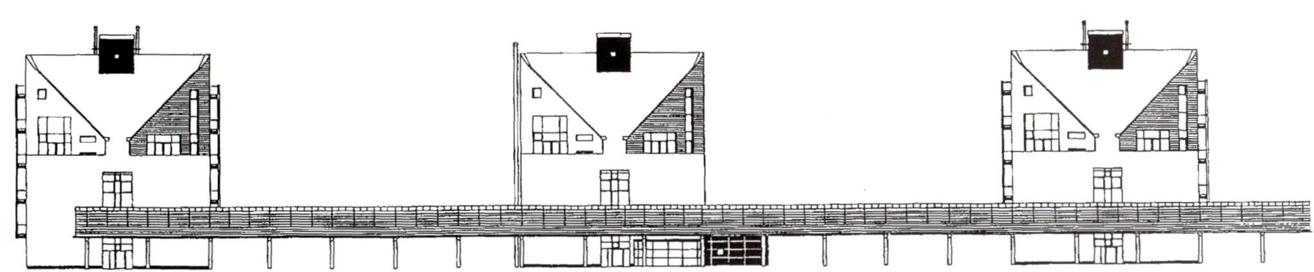

7

사우스 그라이샤임 유치원

이것은 말하자면 현대적 경향의 스톱페이지(Stoppage), 즉 정지 장치인 것이다. 그러니까 "Eurolandshaft"의 중심성을 가지지 않는 컨텍스트의 아득하고 먼 "파도" 속에 빠져 버리는 것에 극히 저항하고 있다. 이런 자율적 물체라는 수법은 "빙산"과 같은 것으로 정점이 되거나, 계류 장치가 되어 주위 환경에 대해서 기준이 되고 있다. 또한, 120m나 되는 "옐로우 웨어하우스(Yellow Warehouse, 가구 창고겸 쇼룸)"도 같은 기능을 하고 있어, 정확히 주변지역의 웅덩이에 던져진 돌과 같은 것이다. 말하자면, 눈에 띄지 않는 이벤트로서의 건축인 것이다.

오늘날, 오브젝트, 물체에는 지금까지 없던 스테이터스(Status)가 있다. 메아리, 반향을 뿌리치고 모든 것을 삼켜 버리는 시뮬라크르(simulacre), 영상에 의해 의미를 잘라 버리고, 스스로의 룰을 자유롭게 연기한다는 것이다. 이 이상의 그랜드 네레이티브(grand narratives)와 형이상학적 해제가 있을까. 자율성이 있는 오브젝트는 그 속에 세계의 작은 부분을 응고시키고 있는 것이다. 그러한 것을 제시하고 있다. 우리의 최근 설계 경기 응모안은 이런 수수께끼에 쌓인 오브젝트를 누가 보아도 분명한 콘텍스트 안에 제시하고 있다. 예를 들면, 〈지뱅벡 스쿨(Gievenbeck School)〉, 〈라이프찌히 미술관〉, 〈카스트로프-라우셀(Castrop-Rauxel) 산업 공원의 트레이닝 센터〉, 뮨스터 시의 〈오피스 빌딩〉 등이 그러한 실례이다. 이러한 계획에서 보여 지는 것은, 물

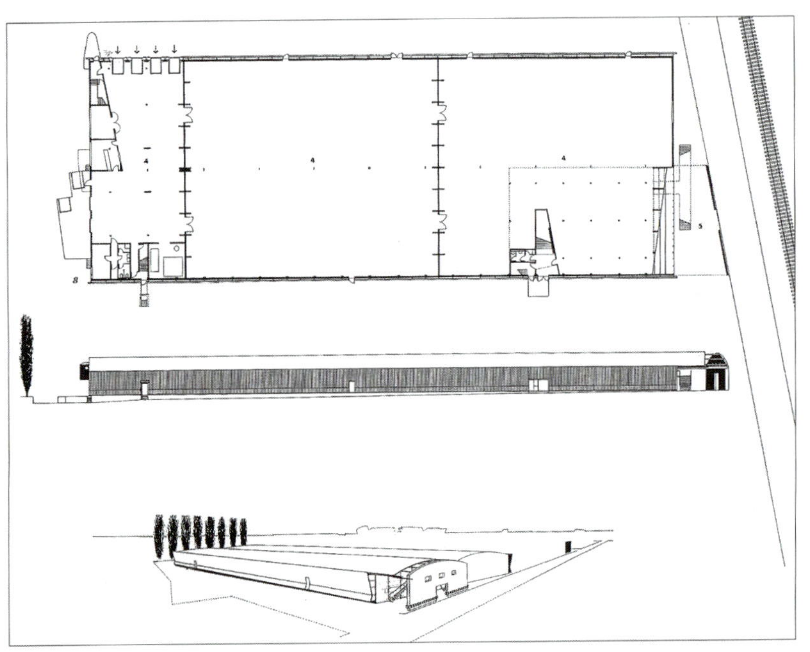

8

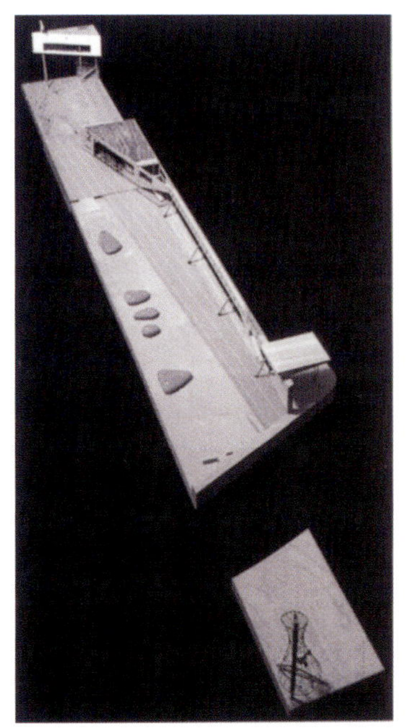

10

9

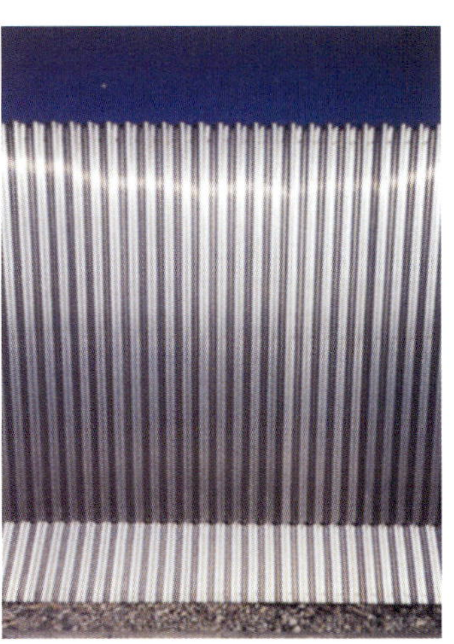

11

질적 존재, 질량성, 고체성, 디테일의 단순성 등을 강조하는 특성이며, 이것들은 계획안 각각의 이론적, 실제적 컨텍스트의 귀결인 것이다.

현재, 우리들은 뮨스터에서 만든 기준점으로부터 벗어나 상반되는 두 가지의 방향성 사이에서 진동하고 있다. 하나는 베를린이다. 이 도시는 현재의 도시 존재방식에 대해 극력 저항하고 있다. 다른 하나는 네덜란드이다. 그곳에는 디지털을 지향하는 장소이다. 그 네덜란드에서 우리들은 최초로 랜디스케이프를 설계하고 있다. 그것은 로테르담의 운하 근처의 필드와 자율적 오브젝트이다. 우선 이론적인 고찰을 진행하고 있으나, 이 계획은 무어라해도 오브젝트의 물질성을 주제로 하고 있으며 그 촉각성, 공간적 특성이 건축 탐구의 요체이다. 그러한 의미에서 이 설명문도 미완인 채로 놔두어야 하는 것이다.

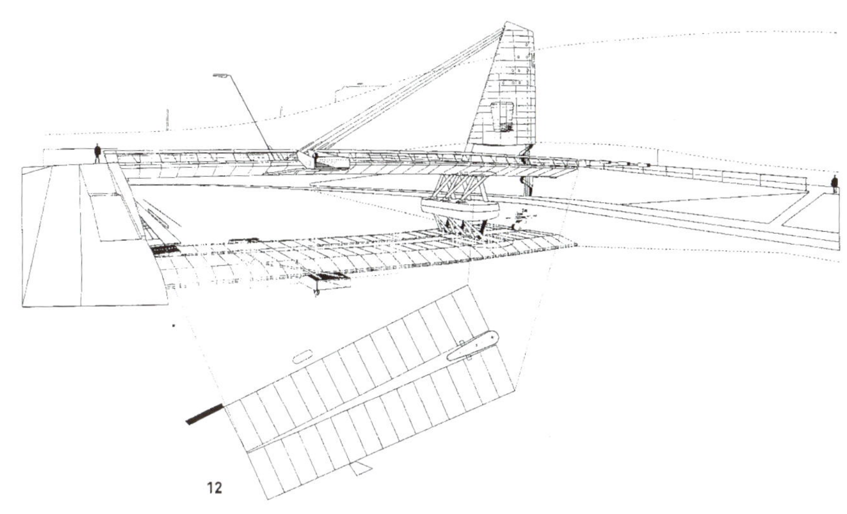

12

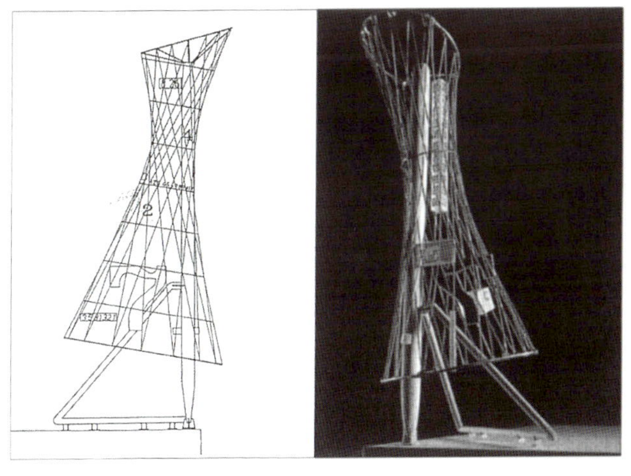

13

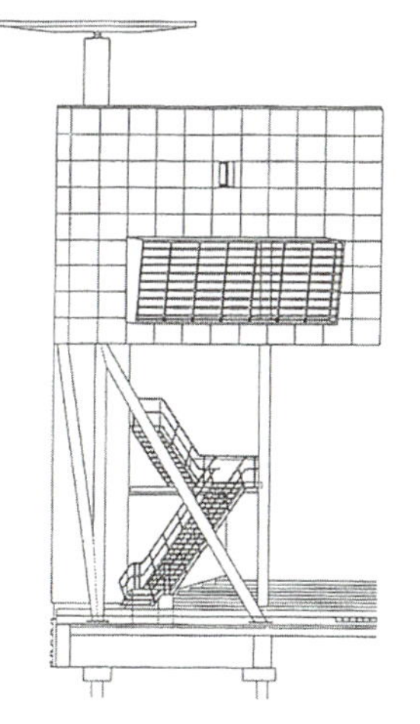

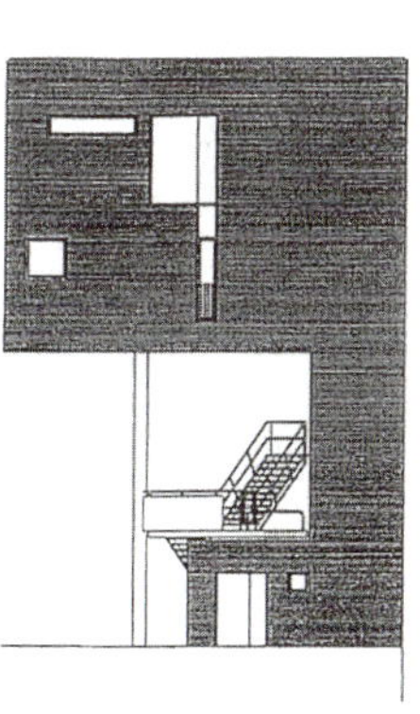

14

15

16

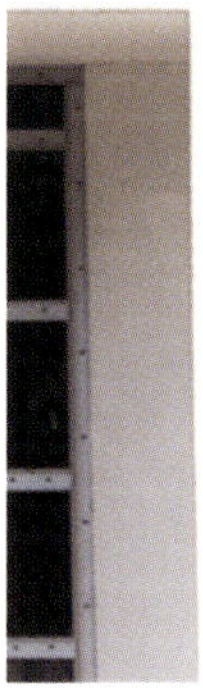

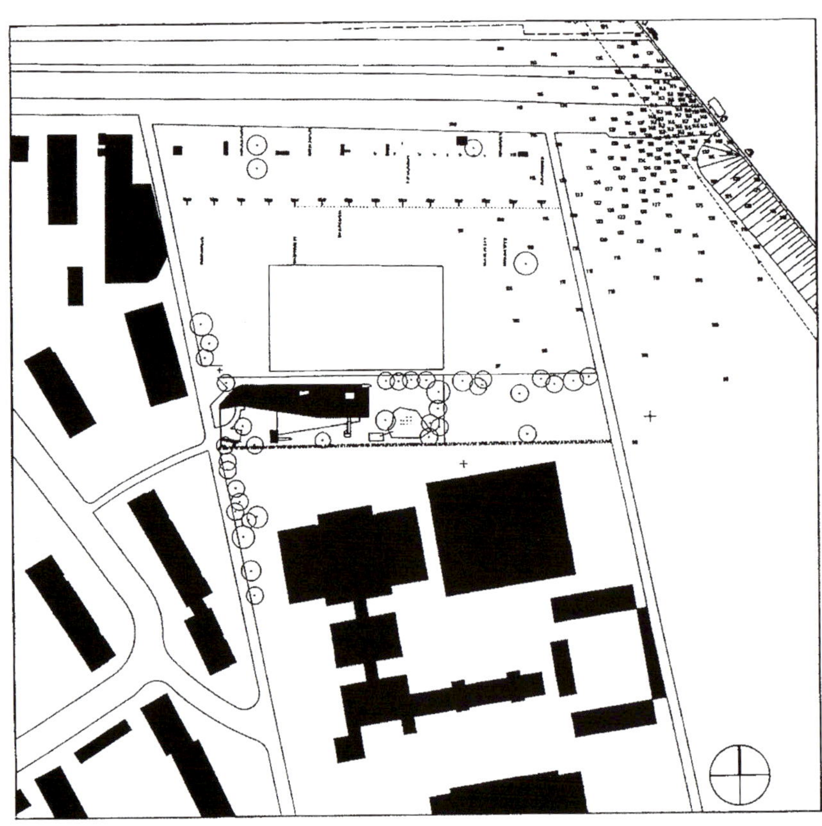

전체 배치도

Gunter Behnisch의 건축사고방식

Behnisch & Partners

Gunter Behnisch

건축 사상, 일의 진행방식, 미에 대한 개념 등에 대해서

미에 대한 가치관을 통해서, 우리는 스스로의 방향성이나 세계관을 형성하고 있다. 거기에 존재하는 일의 진행방식이라는 것은 우리가 사는 사회 그 자체의 모습과 닮은 곳이 있다. 계획 단계에서 태어나는, 충분한 임펙트를 지니는 이상적인 컨셉은 세상이 추구하는 꿈을 닮아 있다. 그리고, 자신의 지식과 기술에만 의지하는 계획자가 하는 일의 방식은 그야말로 진정한 사회의 모습에 비유할 수 있을 것이다.

계층적이고 탑 다운(Top-down)형의 일의 진행방식은 이것과 닮은 구조를 지닌 사회를 연상시킨다. 이와는 다르게, 개성을 마음껏 발휘 할 수 있는 요소와 조직적으로 진행시켜 나가는 요소가 능숙하게 뒤섞인 유연한 일의 방식은 자유로운 부분이 많은 만큼, 오늘날에 있어서, 그리고 지금까지의 긴 역사에 있어서 하나의 이상으로 여겨져 온 사회의 본연의 자세와 결합된다.

사물이나 공간도 기본적으로는 아무것도 속박되어서는 안 된다. 물론 스스로가 정한 방식에 따른다고 하는 대전제는 존재한다. 따라서, 사회 전체 안에서 자신의 임무를 완수할 의무는 가지고 있지만 그것을 넘어서는 부분에서는 모든 것이 자유로워야 한다.

이전에는 재료가 비싸고 인건비가 쌌다. 그런데 오늘날에는 싼 것은 재료가 되었고 공이 많이 드는 세공이나 공예품 등을 만드는데 드는 인건비는 대단히 높아지고 있다. 이런 상황 속에서, 물질적이지 않은 요소가 보다 주목을 끌게 되었다. 자연광의 상태(맑은 날에, 의사당을 포함한 다양한 건물 안에서 이 햇빛을 느꼈으면 좋

1

2

3

겠다)나, 분위기, 전체의 인상, 공간의 분할 방법이나 시선을 끄는 여러 가지 요소 등과 같은 것이 현재 소중히 여겨지고 있는 것이다.

우리가 사람이나 사물이 서로 관련되어 있는 상황을 항상 의식하고 있다는 이러한 비물질적인 요소를 소중히 하는 방식이 좀 더 세상에 침투해야 한다고 생각한다. 실용적인 기능이 채워지는 것만으로는 불충분하다. 무심코 간과하기 십상인 부분에 새로운 표정이 더해지면, 좀 더 즐거운 세계가 펼쳐질 것이다.

건축에는, 규제에 얽매인 부분과 규제가 없는 자유로운 부분, 크게 파악되는 부분과 섬세한 부분, 낡은 것과 새롭거나 젊은 부분, 일에 집중하는 국면과 놀고 싶은 마음을 발상 할 수 있는 것과 같은 대립되는 측면이 공존하고 있다. 예를 들어, 스틸을 이용한 건물은 딱딱하고 볼품 없는 느낌이 강하며 쉽게 처리되어 있다는 인상이 뚜렷하지만, 반면 자유롭고 사람들이 즐길 수 있는 부분도 많이 있다. 난간 등 계단 부분이나 색 등

4　6　7

5　8

은 놀고 싶은 마음을 마음껏 발휘하고 좋아하는 대로 결정하면 그만인 것이다(놀 수 있다고 하는 것
은 바로 자유의 상징이기도 하다).

또한, 클라이언트로부터 섬세한 주문이 붙게되는 부분과 그렇지 않은 부분이 있다. 그런데, 재미있
는 것은 창조적인 발상이란 엄격한 규제와 싸우고 있는 동안 태어나는 일이 많다는 것이다. 그러
나 이것과는 반대로, 전혀 규제가 없는 상황이 주어졌다고 하자. 그러면, 어느 새인가 설계 쪽에
서, 이것에 대해 규제를 만들어 내 버리기도 한다. 이러한 경우는 나의 작품 안에서 종종 일어나
는 일이다.

전체를 구성하는 각 부분, 각 요소 안에서는, 실제적이고 기능적인 것과 같은, 계획의 검토 결과 생
겨난 것도 있으며 건설 과정에서 나타나는 것, 자연광과의 균형으로부터 결정한 것, 그 외의 건축
작업 안에서 정해진 것 등등 여러 가지가 나타난다.

어쨌든, 완수해야 할 목적을 확실히 인식하고 이것을 다양한 방법으로 실천하여 각 요소가 확고한
오리지날리티(originarity)를 획득했을 때, 처음으로 건물 전체가 풍부하고 깊은 의미로 충만하게 된
다. 그리고 건물을 구성하는 하나 하나의 요소를 생각하고자 할 경우, 자그마한 배려가 필요하다.
건물 전체, 그리고 각 부분을, 너무 유희가 없는 거북한 분위기로 만드는 것은 피해야만 한다. 자유
롭고 확장되는 느낌을 부여하는 포인트를 항상 남겨 두는 것이 사물에 있어서나 인간에게 있어서,
그리고 특히 나의 건물에서 매일을 보내는 사람들에게 있어 매우 중요한 일인 것이다.

10

9

11

12

개념(Concept)

40년 이상의 오랜 시간에 걸쳐 우리는 많은 건물을 계획하고 실현해 왔다. 또한, 설계 경기를 통해 그 이상의 설계 디자인을 완수해 왔다. 지금 되돌아보면, 그 중 몇 개의 프로젝트는 지금까지의 우리들 경력에 있어 하나의 이정표와 같이 함께 서 있다. 그리고, 이런 일을 통해서 몇 가지의 문제점이 밝혀지고 있는 것이다. 우리들 경력의 초기에 그것이 특히 선명했지만, 어쨌든 그러한 문제점은 의식적으로 때로는 의도적으로 제시되고 있는 것이다.

그러한 건물이 아마 10개 내지 12개 정도 있을까. 그 중 몇 개는 단 하나의 문제점을 목표로 하여, 그러니까 누구의 눈에도 명료하고 인상적이었던 것이 틀림없다. 예를 들면, 슈투트가르트의 대학 부속 〈하이슬라 연구소〉, 그리고 〈울룸의 공업 대학〉이 대표적인 예이다. 하지만 한편, 몇 개의 건물에서는 복합한 문제점을 추구하고 있다.

건물은 윤곽이 확실하지 않고 마치 발산하고 있는 것 처럼 보인다. 자극적이라고 말해도 좋을까. 그 실례로서 〈아이히슈타트 도서관〉, 그리고 일련의 학교 건축 그리고 본(Bonn)의 〈독일 연방 의회 의사당〉이 대표적이다. 우리는 이들 건물이 완성되고 나서, 어떻게 이 건물이 특정한 문제점과 특수한 상황에 의해 만들어졌는지 생각하고 감개무량함에 빠지는 일이 종종 있다.

13

14

15

16

투상도

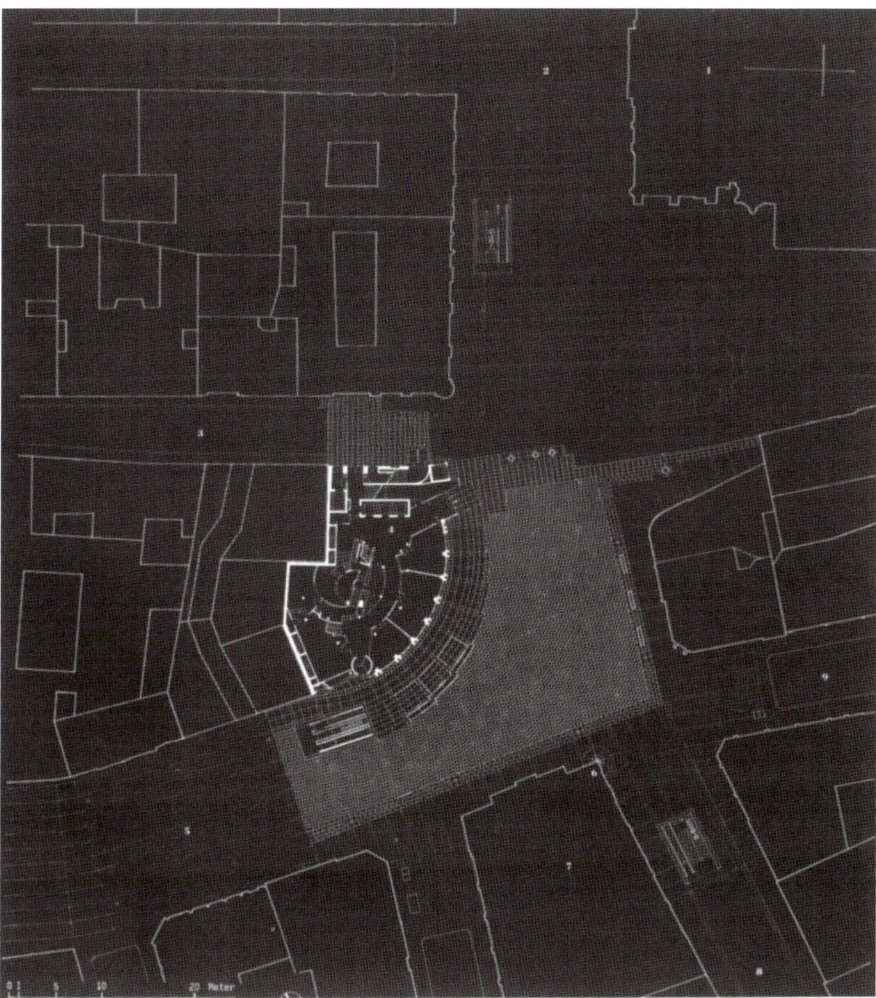

배치도　　1. 슈테판 성당
　　　　　2. 슈테판 광장　　　　6. Stock-im-Eisen
　　　　　3. Goldschmiedgasse　　7. Palais Equitable
　　　　　4. Haas House　　　　　8. Karntner Strasse
　　　　　5. Graben　　　　　　　9. Singerstrasse

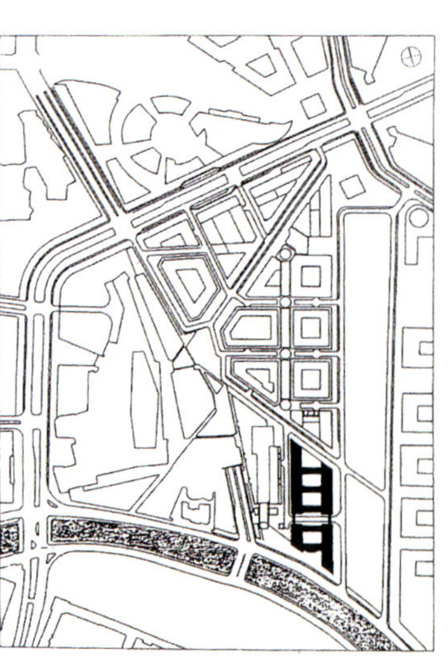

전체 배치도(Site plan)

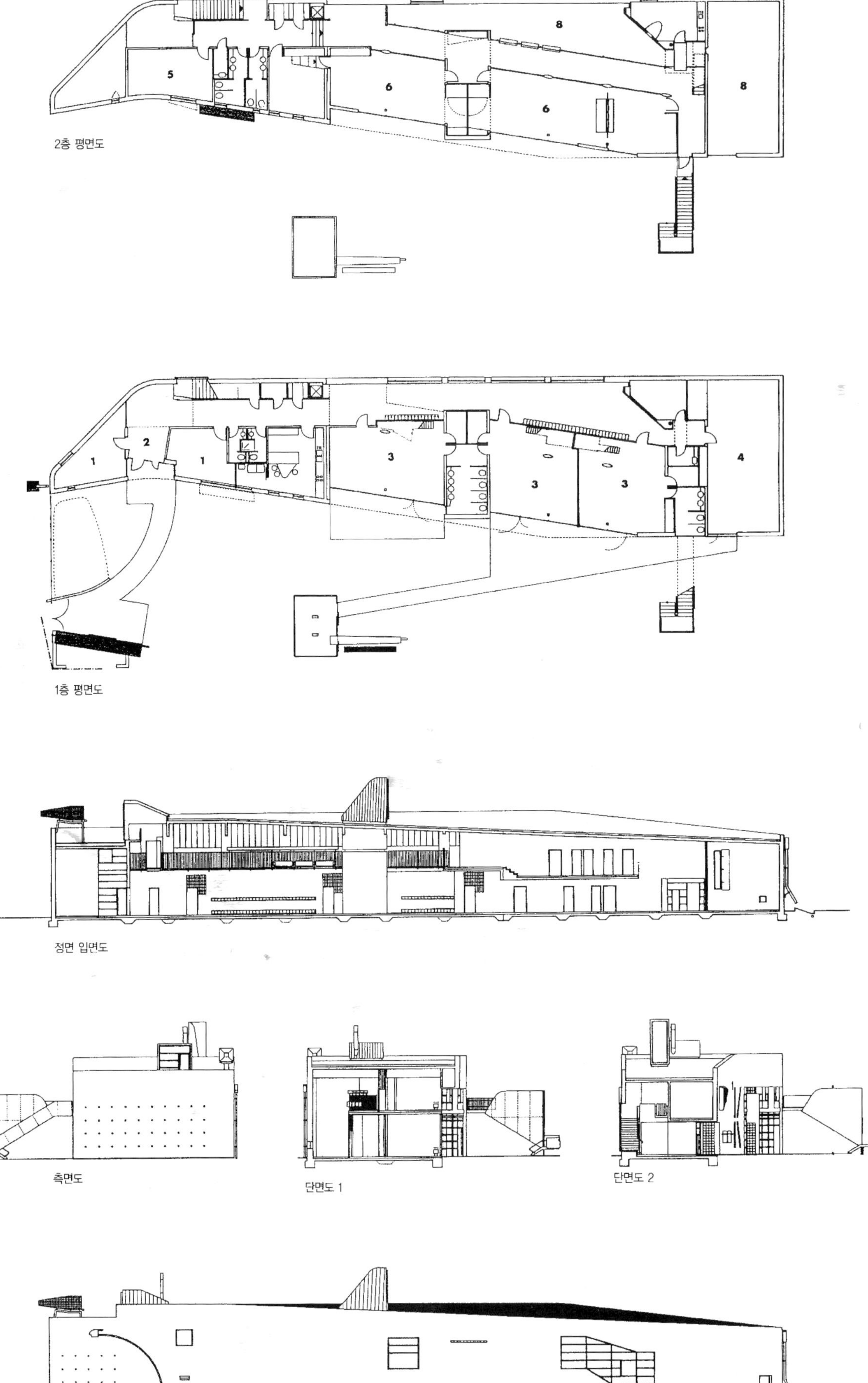

2층 평면도
1층 평면도
정면 입면도
측면도
단면도 1
단면도 2
배면 입면도

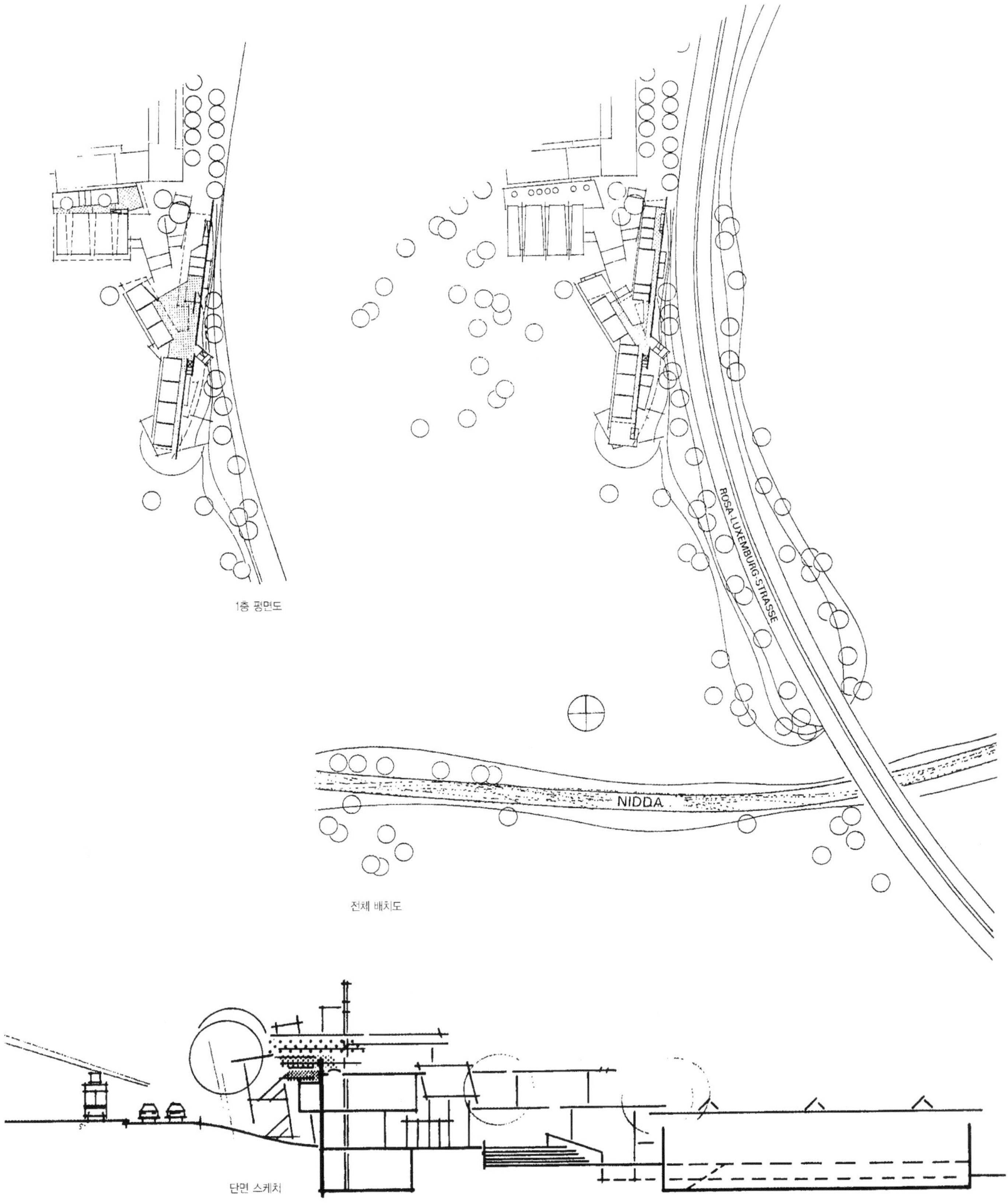

1층 평면도

전체 배치도

단면 스케치

Bolles-Wilson의 건축사고방식
: 우리들의 스테이트먼트(Statement) 1

Bolles-Wilson 인물사진

뮨스타 시립 도서관은 지금까지 우리가 취급한 모든 문제점을 집약하고 있음과 동시에 앞으로의 계획에 있어서 새로운 문제점과 방향성을 내포하고 있다. 이 도서관은 우리에게 있어 최초의 공공건물 작품이었기 때문에, 그 설계로부터 수년이나 지났는데 지금도 그 그림자로부터 벗어날 수가 없다.

이 도서관은 우리의 초기 무렵 연구테마가 약간 엔사이클로피딕(Encyclopedic)한 풍으로 취급하거나, 섬세한 디테일의 부분을 시험하고 있지만, 일상의 독서 체험을 보충하는 것으로서 이용자에게 제공되고 있다. 그럼 도대체 어떤 테마가 여기에 있는 것일까? 예를 들면, 도서관의 적층목재(積層木材) 대들보를 사용한 구조라든가, 여기저기에 조형적 효과를 노린 부속물을 산재시키는 수법이라든가, 우리가 1980년대에 AA 스쿨에서 가르치고 있을 무렵까지 거슬러 올라갈 수가 있는 테마이다. 또한, 유럽 도시에서 볼 수 있는 형태의 기질을 존중하는 자세는 1970년대에 배운 것이지만, 이것은 현재의 유사 체험, 물류 관리, 매체 충격에 가득 찬 "디지탈화된 부재(不在)의 도시"에는 저항하는 것일 것이다. 초기 무렵에 안

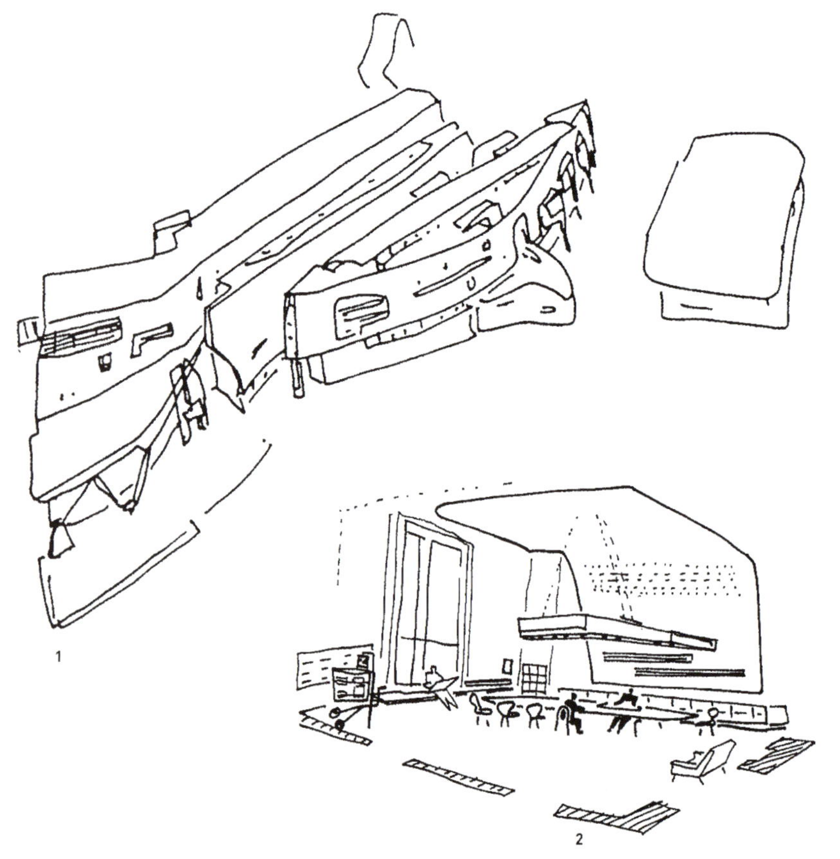

고 있던 언어론의 관심이라든지, 혹은 클로드 니콜라 르두가 말하는 "말하는 건축(Architecture Palante)"에 의 흥미, 즉 탈 구조주의적이고 단편화한 탈 고층 건축적인 형태에의 흥미 등은 최근 들어서 드디어 "건축의 오브제는 결국 그 자체가 주제가 된다"라는 인식으로 바뀌어 가고 있다.

알베르츠 베레즈 고메즈는 〈지각의 문제〉라는 글 속에서 "건축은 존재로서의 피겨(figure), 즉 형상이다. 그리고 그 형상이 경험의 수단과 목적을 형성하고 있는 것이며, 후에 말로 번역해야 하는 경험은 아니다"라고 쓰고 있는 것이다. 이 도서관은 분절되어 있지 않으며, 배와 슬라브라는 2개의 형태가 건물의 기본적 입체 구성 요소가 되고 있다. 더욱이 최근 계획안에 있어서, 예를 들면 1996년에 완성된 뮨스타의 바렌도르퍼 스트라세(Warendorfer Strasse)의 녹색으로 빛나는 오피스 빌딩에서는, 강력하고 선명하게 디자인 된 오브제의 형태가 조금도 단편화되지 않고 그대로 주제가 되고 있다. 우리의 초기 디자인에서도, 예를 들면 1974년의 〈워터 하우스(Water House)〉에서는, 분명히는 보이지 않지만 정확한 입방체가 그러하다. 또한 쥴리아 볼레스(Julia Bolles)의 칼스루헤(Karlsruhe)의 설계 경기 응모안에서 사용된 데카르트적 좌표축에 의한 선화(線畵) 등에서는 형태의 직재성(直裁性)이 소중한 주제였다.

효 용 성 (U s e)

도서관은 공공 건축이기 때문에, 〈뮨스터 시립 도서관〉이라는 스테이터스(Status)가 우리에게 건축의 가치

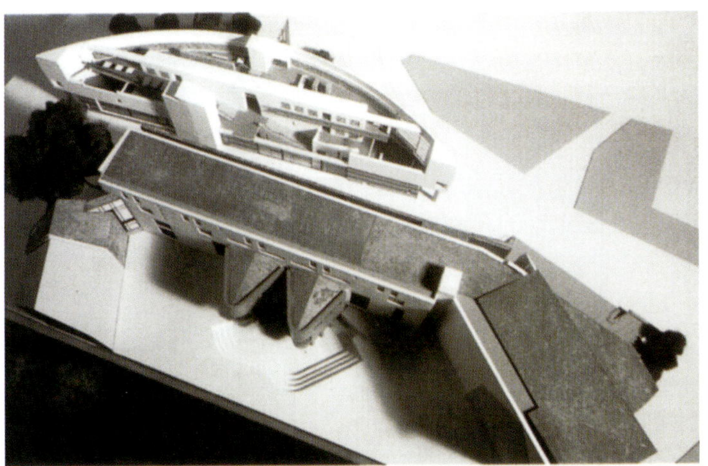

5

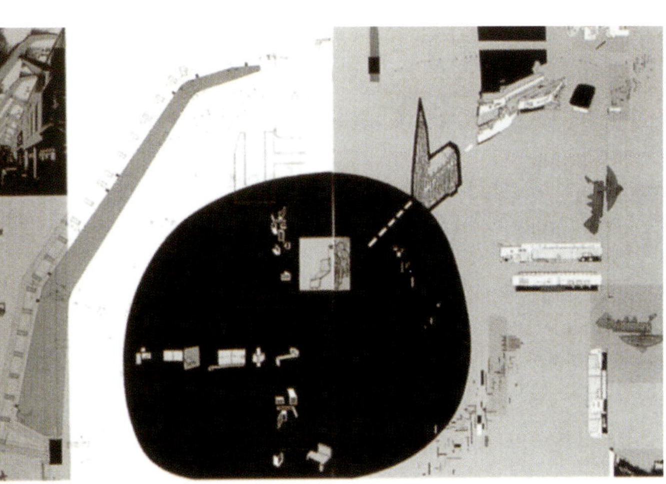

6

판단 기준과는 어떠한 관계가 있는지를 생각하게 했다. 건축에 누가 관계하는가와 그들의 교양이나 신앙을 초월하여 그 건물이 사회적으로 적절한가, 그렇지 않은가를 판단하는 것이 그 기준이 되었던 것이다. 우리는 지금도 그것을 다른 계획안을 측정하는 기준으로 삼고 있다. 도서관은 누구나 사용할 수 있도록 개방되는, 즉 무료라는 본래의 의미로부터 출발한 공공건물이다. 도서관의 신문 열람실에서는 대학교수와 부랑자와 할머니와 노동자가 매일 나란히 앉아 있는 것을 볼 수 있다. 지금은 이러한 포럼, 공공 광장은 더욱 더 드물다. 그 이유는 상업이 도시를 구축하고 있기 때문이다. 그 때문에 현재는 미술관의 유지조차 부담이 되고 있다. 우리가 만드는 평면의 모양이 이상하다고 하면, 그것은 장파티스타 놀리가 그린 공공 공간과 실내 공간이 서로 섞인 로마 지도와 같은 것을 만들어 내려고 의도하고 있기 때문일 것이다. 그러나 실제로 건물은 자동적으로 그 효용(效用)을 낳지는 않는다. 건물로 하여금 효용을 낳게 한다.

이 도서관의 경우, 우리는 그러한 모든 책임을 도서관 사서 분들에게 떠맡기지 않으면 안 되었다. 이렇게 말하는 것은 이 사람들이 도서관이라는 장치를 취급하는데 지극히 열심이고 그 뿐만 아니라 도서관 설계의 당초부터 그 관리를 촉진해 왔기 때문이다. 개관 일년도 안 되는데 대출 도서수가 백 만권이나 된다고 하는 통계 숫자를 신용할 수 있다면, 뮨스터에는 독서열이 과열인 것이다. 이 숫자는 통계상으로만 봐도 전체 독일의 동일한 규모의 도서관 중에서는 최고인 것이다.

하지만, 건축가 측에서 이용자에게 이러한 요구를 하면 의심의 눈으로 보게 된다. 우리는 "이용자 우선"이라든가 "참가" 등이라는 말을 사용한 일이 없다. 만약, 여기서 도서관을 좋은 결과라고 단언할 수 있다고 해도, 그것은 건축상의 처리 방법보다 도서관의 사용 방법에 대한 관찰의 결과인 것이다. 프랑크푸르트에 우리가 설계한 유치원이 있지만, 거기에도 또한 부지런한 한 무리의 이용자가 있다. 마찬가지로 런던의 〈블랙번 주택〉, 토쿄의 〈스즈키 주택〉, 독일의 〈두브 주택〉이라는 3채의 주택의 경우도 사용자와의 긴밀한 협력 관계에 의해 디

8

7

9

테일을 부지런히 결정할 수 있었던 것이다. 사용자들은 지금은 거기에 만족해 생활하고 있다. 건물이라는 것이 사소한 곳에도 디테일이 미치고 있다는 것이 현재의 비평에서는 대체로 간과되기 쉽상이다. 그렇지만 건축의 관객은 풍요로운 식사와 빠른 이미지와 빠른 이론을 요구한다. 이렇게 말하는 것은, 건축을 오래 가게 하도록 하는 것, 질(質)이라고 하는 것은 도저히 사진에서는 나타낼 수 없다는 것이다. 스티븐 홀은 최근 그것을 정확히 이렇게 말하고 있다. "뛰어난 건물은 사진에서 보면 좋지 않다."

도 시 - 도 쿄 - 부 드 러 운   공 간

우리가 도쿄와 밀접한 관계를 가진 것은 정말로 이 도서관의 디테일을 결정하고 공사에 들어가려고 한 해였다. 도쿄에는 "이페머래러티(ephemerality)"라는 것이 있다. 그리고 이것이 이 도시를 방문하는 사람의 정신적 무장을 해제시켜, 기분을 침착하게 한다. 그러한 도쿄에서 이토 도요와 "유목민"에 대해 이야기를 주고받았으며, 그렇게 해서 튼튼하고 균질인 나라 독일로 돌아가, 뮌스터 시 탄생 1200주년 축전의 건물 디테일에 착수한 것은 정신 분열적인 경험이었다. 왜냐하면, 일본에서의 계획과 유럽 도시에 근거한 계획과는 차이를 보이고 있기 때문이다. 특히 최근에 디자인하게 된다면, "극지성(極地性)"을 살려 그곳에서 만들려고 하는 "오브젝트, 물체"의 스테이터스(Status)와 그 현대적 콘텍스트를 재구축하고자 할 것이다.

우리는 자주 도쿄를 "엔드리스 크라우드(Endless cloud), 무한하고 연속된 구름"이라고 부르고 있다. 토쿄는 결코 캐오스(Chaos), 즉 혼돈은 아니다. 다만 유럽 도시와 같이 계층적으로 인식하는 것도 자기 집중하는 것도 불가능한 유럽과는 근본적으로 다른 질서 체계를 가지고 있는 도시라고 생각한다. 이 네트워크, 망상 조직으로서의 도시라는 생각은 미디어, 인포메이션, 텔레커뮤니케이션, 매체, 정보, 원거리 통신이라는 물리적인 유추, 유사물을 갖추지 않으면 성립되지 않는다. 투명성에 대해서는 어떠할까? 그것은 버츄얼리티

10

11

12

(Virtuality), 가상성일까? 건축은 전송되는 정보의 이동 패턴, 행동 양식을 모방해야 하는 것일까? 정보는, 그 프랙탈(fractal) 이론인 복잡계(complex system)를 한없이 늘려, 그 지속성을 순간적으로 단축해, 건축을 세련되지 않게 해 가는 것처럼 생각된다. 설계에 1년, 시공에 1년 내지 2년, 창문 청소는 2개월 정도라는 계산이 독일에서는 일반적이다. 이렇게 되면 건축은 마치 비틀비틀 걷는 공룡 그 자체이다.

우리가 설계한 "닌쟈(Ninjas)"나 "오사카 폴리(Osaka Folly)"에서는 물리적인 것과 가상적인 것의 차이를 분명히 나타내려고 했다. 지각의 형식보다 오히려 현상 그 자체에 관심이 있었던 것이었다. 칼스루헤(Karlsruhe)의 〈예술 미디어 기술 센터〉의 설계 경기에서 우리가 2위에 입상했지만, 그 건물은 "일렉트로닉 바우하우스(Electronic Bauhaus)"라고 말한 것을 상정하였고, 일본에서의 연구를 유럽의 콘텍스트(Context) 속에 적용한 것이었다. 렘 콜하스의 1위 입상안과는 반대로, 우리는 미디어로서의 건축이라는 생각, 미디어로서의 파사드라는 선택을 단연 거부했다. 우리는 "둘러싸는 것"과 "둘러싸이는 것"의 구별을 명시했다. 당시에는 "플라잉 카펫(flying carpet), 하늘을 나는 융단"이라든지, 미디어와 건축의 "인터페이스"라는 테마가 구체적인 형태가 되어 나타난 것이었다.

13   14